WILDE WELT DER ZUKUNFT

Das Leben in Millionen Jahren

Arena

Inhalt

Dieses Buch handelt von der Evolution. Wenn wir wissen, wie die Evolution abläuft, können wir uns die Zukunft der Erde besser vorstellen. Wir begegnen wundersamen Wesen, die es eines Tages vielleicht einmal geben wird, und erfahren etwas über ihren Überlebenskampf in einer feindlichen Umwelt.

EINFÜHRUNG

In 5 Millionen Jahren

Die **fett** gedruckten Begriffe werden auf Seite 92–93 erklärt.

In 100 Millionen Jahren

In 200 Millionen Jahren

Die Erde im Wandel

Ohne dass wir es bemerken, ist die Erde ständig im Wandel begriffen. Die Ozeanwellen tragen Klippen ab, Flüsse graben tiefe Täler, Wind und Regen peitschen gegen die Berge. Es kommen auch einschneidende Naturereignisse vor: Schwere Erdbeben reißen tiefe Spalten, Vulkane spucken rot glühende Lava. Diese Naturereignisse nehmen ihren Anfang tief im Innern der Erde.

IM ERDINNEREN

Die Erde besteht aus verschiedenen Schichten. Die äußere Gesteinsschicht ist die Kruste. Darunter folgt der dicke Erdmantel mit einer äußeren Schicht aus brüchigem Gestein und einer inneren Schicht aus geschmolzenem Gestein. Ganz innen liegt der **Erdkern**. Außen besteht er aus geschmolzenem Metall, innen aus heißem, festem Metall.

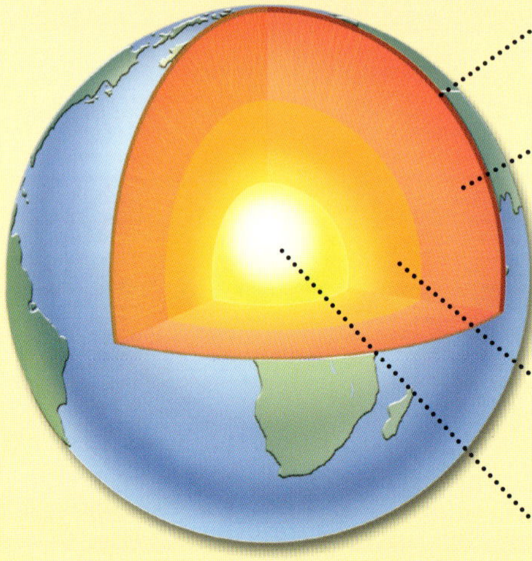

Die Kontinentalplatten

Die **Kontinente** und Ozeane der Erde liegen auf riesigen Abschnitten der **Erdkruste,** den **Kontinentalplatten.** Diese Platten fügen sich wie ein gewaltiges Puzzle zusammen. Sie driften langsam über den **Erdmantel.**

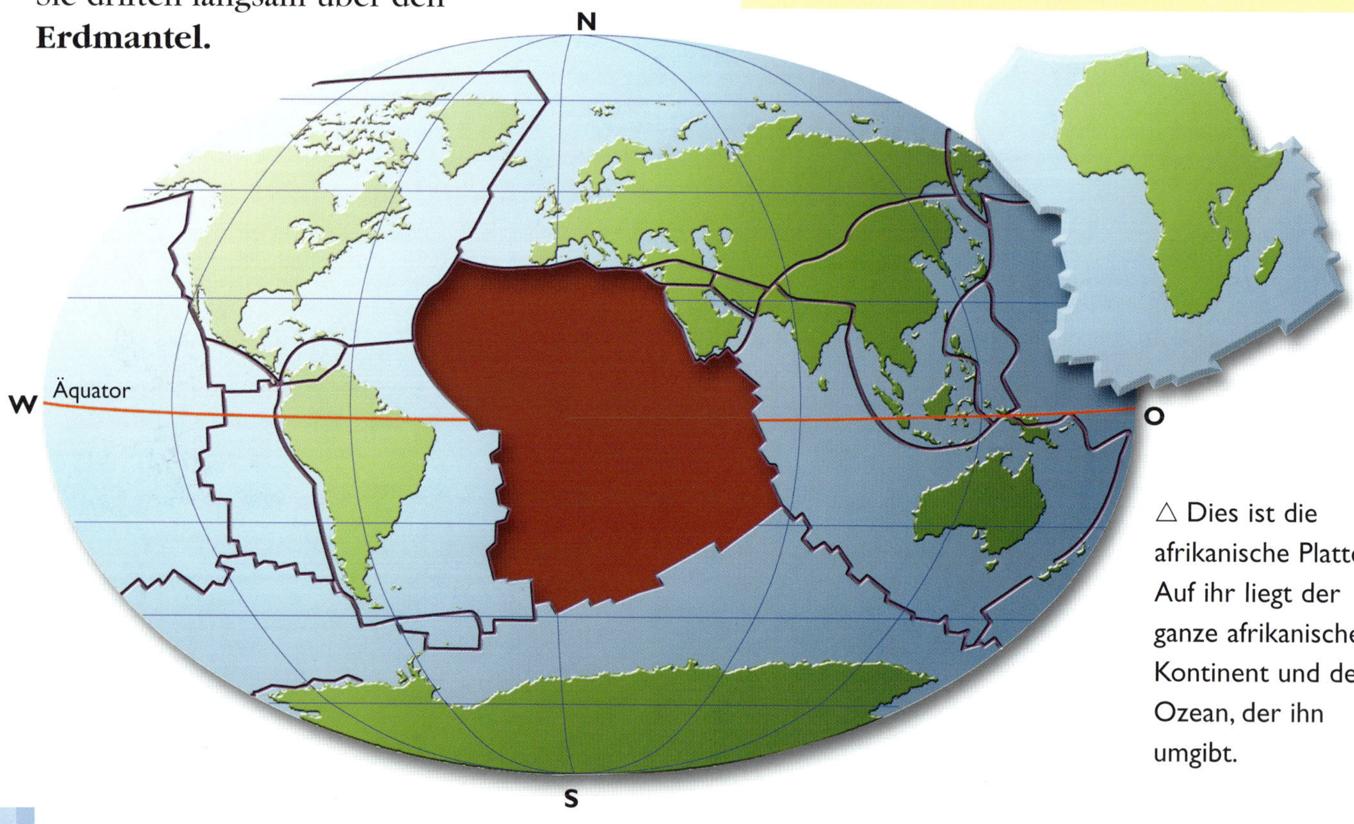

△ Dies ist die afrikanische Platte. Auf ihr liegt der ganze afrikanische Kontinent und der Ozean, der ihn umgibt.

DIE PLATTEN IN BEWEGUNG

Die Platten driften mit bis zu vier Zentimetern pro Jahr sehr langsam. Dort, wo Platten auseinander driften, drängt geschmolzenes Gestein an die Oberfläche und härtet zu neuer Erdkruste aus. Hin und wieder stoßen auch Platten zusammen. Die Wucht des Zusammenpralls kann ein ganzes Gebirge auffalten.

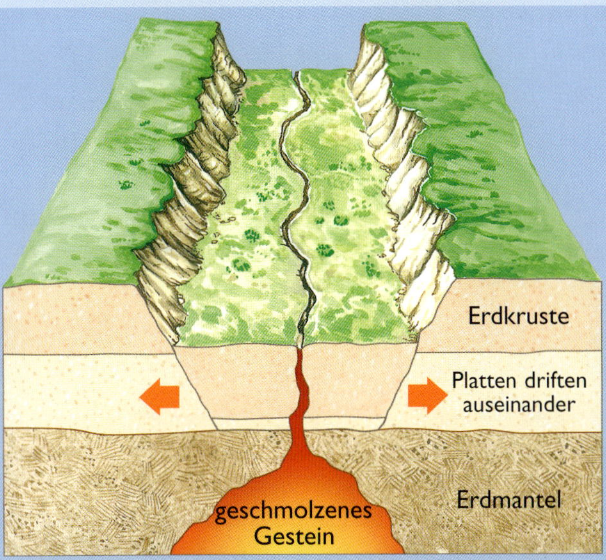

△ Wenn zwei Platten auseinander driften, reißt die Erdkruste auf. Geschmolzenes Gestein drängt nach oben und füllt den Riss aus. Lange Gräben entstehen.

△ Island liegt auf zwei Platten, die auseinander driften. Den langen, tiefen Riss zwischen den beiden Platten bezeichnet man als Grabenbruch.

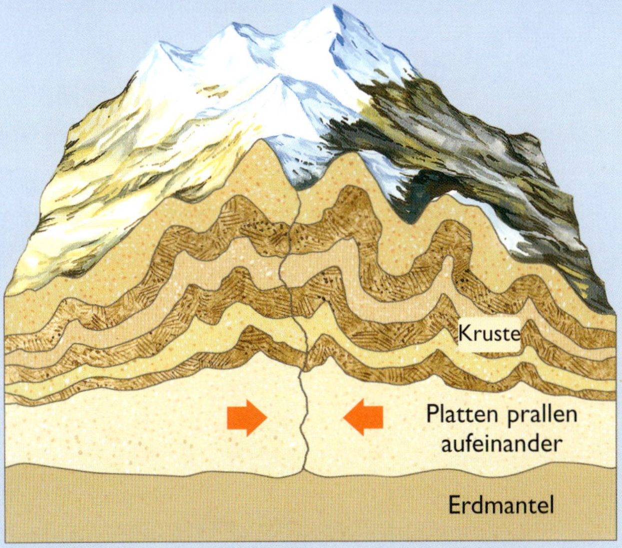

△ Wenn zwei Platten aufeinander prallen, bricht die Erdkruste und faltet sich auf. Das Land schiebt sich nach oben, Gebirge entstehen.

△ Der Himalaja faltete sich auf, als zwei Platten zusammenstießen. Sie bewegen sich noch immer. Der Himalaja wächst also weiter!

VERG

Kontinentalverschiebung

Erdbeben und Vulkanausbrüche, Gebirge und Gräben sind nicht die einzigen Anzeichen auf die Rastlosigkeit der Erde. Im Verlauf von Jahrmillionen, in denen sich die Platten bewegt haben, hat sich auch die Lage der **Kontinente** verändert. Wenn wir uns ansehen, wie sich die Kontinente verschoben haben, können wir voraussagen, was in Zukunft mit ihnen geschehen wird.

▷ Diese Illustration zeigt, wie die Erde in der Vergangenheit aussah, wie wir sie heute kennen und wie sich ihr Aussehen in der Zukunft vielleicht verändern wird.

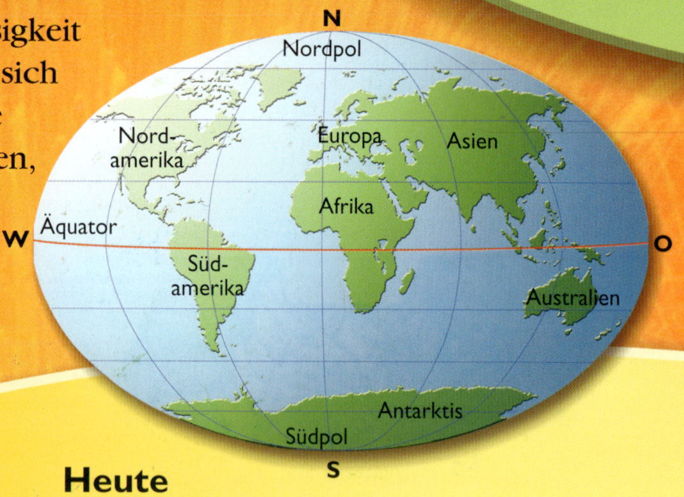

Heute

Heute gibt es sieben Kontinente, zwischen denen mehrere Ozeane und zahlreiche Meere liegen. Am **Nordpol** und am **Südpol** ist es sehr kalt, am **Äquator** sehr warm. Es gibt eine große Vielfalt an Pflanzen- und Tier**arten,** darunter den Menschen.

GEGENWART ◁

In 5 Millionen Jahren

In fünf Millionen Jahren haben sich die Kontinente weiterverschoben. Europa und Afrika liegen näher beieinander. Auf der Erde ist es kälter, Eis bedeckt große Landgebiete. Die Menschen sind **ausgestorben,** doch viele Tiere haben sich an die Kälte angepasst.

ZUKUNFT ▷▷

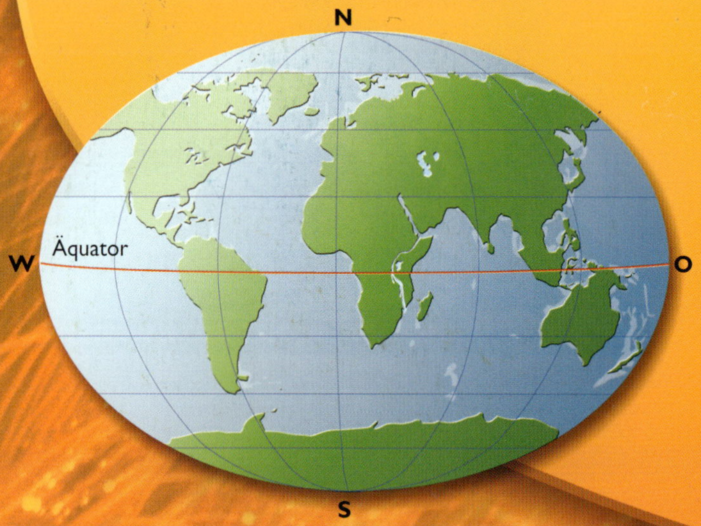

In 100 Millionen Jahren

In 100 Millionen Jahren sehen die Kontinente wieder anders aus. Die Erde hat sich erwärmt, das Eis ist geschmolzen und der Meeresspiegel angestiegen. Im feucht-warmen Klima hat sich eine erstaunliche Artenvielfalt entwickelt.

W

GENHEIT ▷▷▷

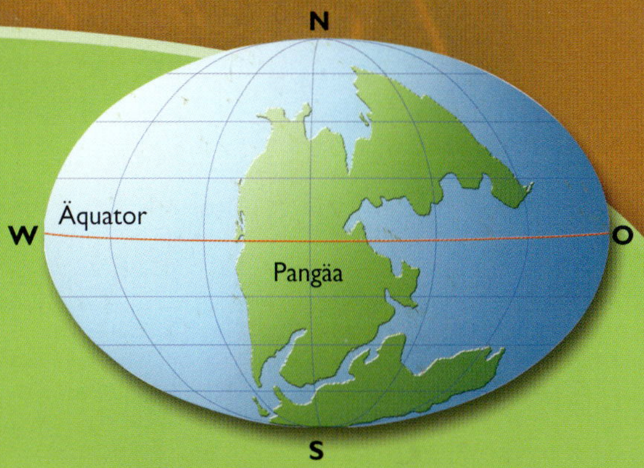

Vor 200 Millionen Jahren

Wahrscheinlich war vor 200 Millionen Jahren die gesamte Landfläche der Erde auf einem gewaltigen **Kontinent** vereint: Pangäa. Das **Klima** war warm und die Dinosaurier beherrschten die Erde.

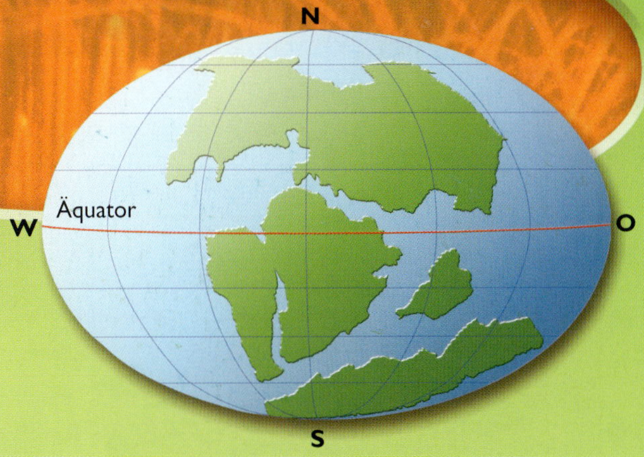

Vor 120 Millionen Jahren

Vor 120 Millionen Jahren waren die Platten bereits auseinander gebrochen und es gab mehrere Kontinente. In den verschiedenen Erdteilen entwickelten sich unterschiedliche Pflanzen und Tiere.

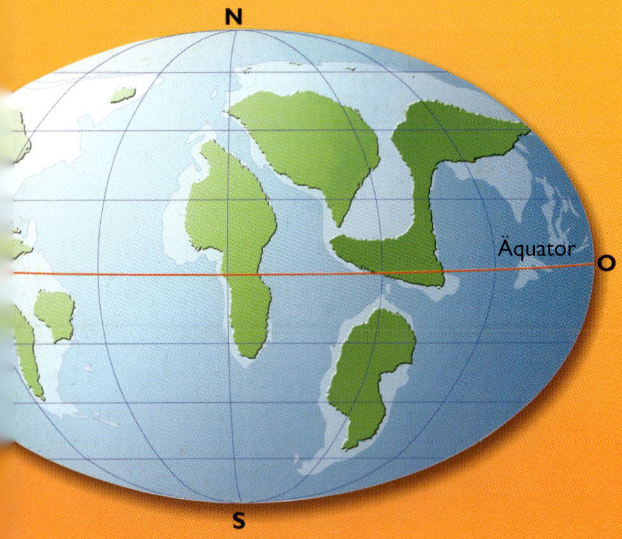

In 200 Millionen Jahren

In 200 Millionen Jahren ist die Erde zum ursprünglichen Zustand zurückgekehrt. Die Kontinente haben sich zu einer riesigen Landfläche zusammengefügt, den ein gewaltiger Ozean umspült. Wir nennen diesen Kontinent Pangäa II. Es ist eine Welt der Extreme: an der Küste kalt und stürmisch, im Innern heiß und trocken. Dennoch gibt es viele Tierarten.

Die Erde heute

Die Erde unserer Tage besteht aus sieben **Kontinenten,** die von Ozeanen umgeben sind. Rund um die Erdkugel herrschen unterschiedliche **Klimate.** In der Nähe des **Äquators,** einer gedachten Linie rund um die Erde, ist es immer warm, an den **Polen** dagegen kalt. Dazwischen gibt es gemäßigte Klimate, in denen es weder sehr heiß noch sehr kalt wird. Je nach Klima und Landschaftsform gibt es unterschiedliche Pflanzen und Tiere.

▽ Diese Weltkarte verzeichnet die Kontinente und Ozeane. Zu sehen sind auch die Gebiete, die im Buch wiederkehren, z. B. das Mittelmeer, das Amazonasbecken und der Golf von Bengalen.

LEGENDE

Diese Vegetationszonen sind in der Karte rechts verzeichnet.

- Ozean
- Wüste
- Grasland
- Eis und Tundra
- Korallenriffe
- Gebirge
- Regenwald
- Laubwald
- Immergrüner Wald
- Sumpf und Marschen

Jenseits der Polarkreise sind Land und Meer gefroren. Hier bleibt es auch im Sommer kalt. Im Winter wüten heftige Schneestürme.

△ Indien liegt nahe dem Äquator. In der Regenzeit regnet es ohne Unterlass und die Menschen kämpfen gegen die Fluten. Den Niederschlag weht der Monsun heran.

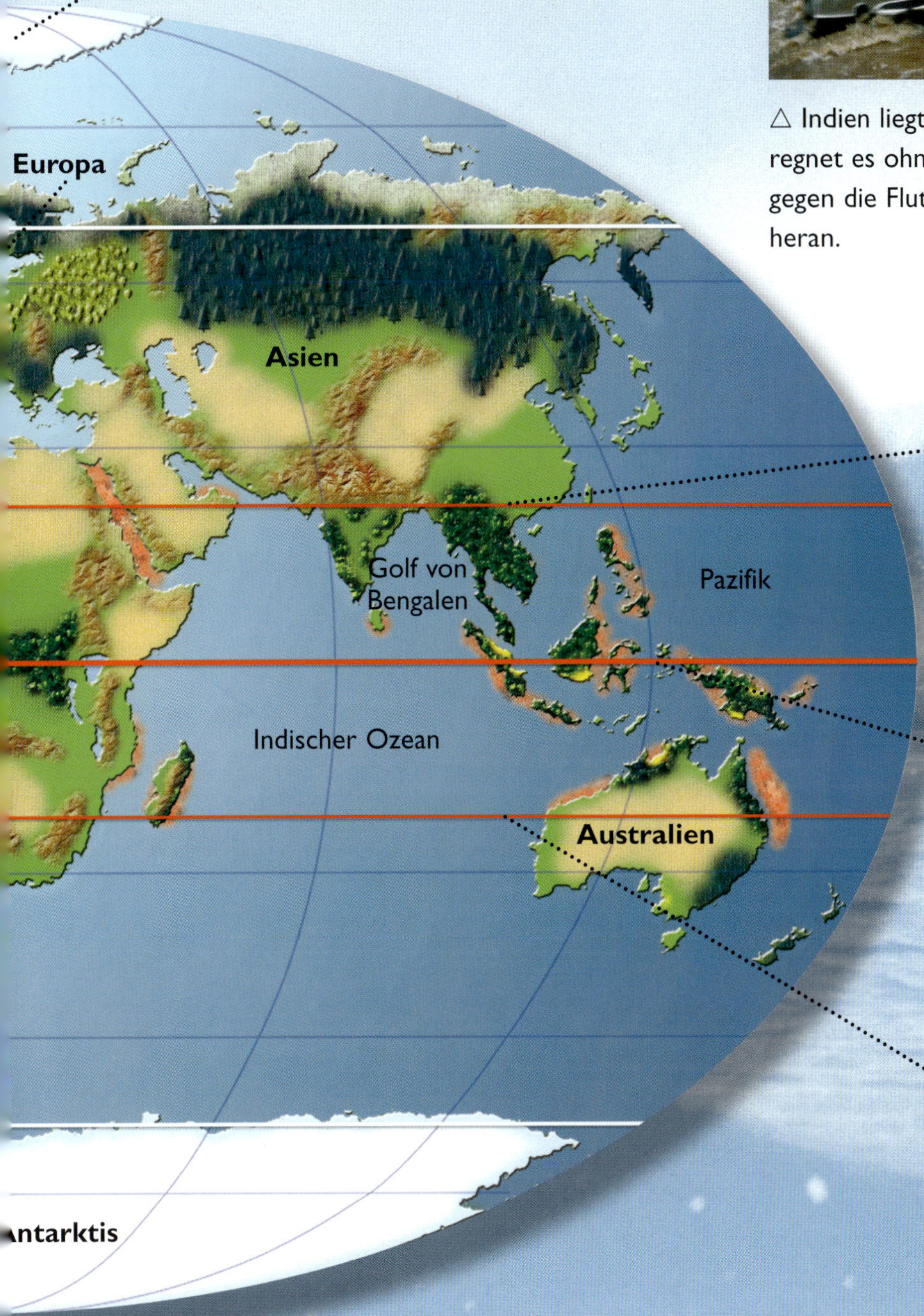

Nördlich des Äquators verläuft die gedachte Linie des nördlichen Wendekreises. Sie markiert die Nordgrenze der warmen Tropen.

In der Nähe des Äquators ist es immer heiß, denn die Sonne brennt senkrecht herab. Es gibt nur zwei Jahreszeiten: die eine trocken, die andere nass.

Der südliche Wendekreis markiert die südliche Grenze der Tropen. Zwischen den Wendekreisen und den Polarkreisen ist es im Sommer warm und im Winter kalt.

Die Lebensräume der Erde

Ein **Lebensraum** ist das Umfeld, in dem ein Tier zu Hause ist. Auf der Erde gibt es heute eine große Vielfalt an Lebensräumen – von den sengend heißen Wüsten bis hin zum bitterkalten ewigen Eis. Die Tiere, die in einem Lebensraum zu Hause sind, haben sich daran angepasst. Das Walross hat eine dicke Fettschicht, die es vor der Kälte schützt, das Kamel in der Wüste einen Höcker, in dem es Wasser speichern kann. Für dieses Buch haben sich Wissenschaftler überlegt, wie sich die Lebensräume wohl verändern werden.

Die Lebensbedingungen werden extremer sein als heute: Die Wüsten trockener, die Berge höher, die Wälder dichter. Dennoch werden die Lebensräume den heutigen recht ähnlich sein.

Auch die Tiere in diesem Buch haben mit denen von heute vieles gemein. Wir wissen, dass sich die Tiere an die extremen Bedingungen ähnlich anpassen werden wie in den vergangenen Jahrmillionen.

REGENWALD

△ In den dichten Regenwäldern lebt eine Vielfalt von Tieren, darunter dieser Leguan. Regenwälder wachsen im feucht-warmen Klima.

NADELWALD

△ Nadelbäume wie Kiefern und Fichten sind das ganze Jahr über grün. Hier leben zum Beispiel Elche und andere Hirsche.

EIS UND TUNDRA

△ Moschusochsen ziehen über die flache, baumlose Tundra. Die Tundra liegt am Rand der dicken Eisschicht, die den **Nordpol** überzieht.

SUMPF

△ Im Sumpf liegt das Land zum Teil unter Wasser. In diesem fruchtbaren Lebensraum gibt es viele Pflanzen- und Tierarten, z. B. Reiher.

WÜSTE

△ Die Sahara in Afrika und andere Wüsten sind trocken und unwirtlich. Nur robuste Tiere wie das Kamel können hier leben.

OZEAN

△ Vier große Ozeane und viele kleinere Meere bedecken heute zwei Drittel der Erde. Hier leben zahllose **Arten,** darunter auch Wale.

KORALLENRIFF

△ Die farbenprächtigen Korallenriffe bestehen aus Millionen winziger **Organismen** und ihren Kalkablagerungen.

GEBIRGE

△ Ein Greifvogel segelt über die zerklüfteten Berge. Auf den Gipfeln liegen Schnee und Eis. Hier wächst kaum noch etwas.

LAUBWALD

△ In den Laubwäldern wachsen z. B. Eichen und Buchen, die im Herbst ihre Blätter verlieren. Hirsche mögen das gemäßigte Klima.

GRASLAND

△ Savannen und Steppen, die Pampas und die Prärie sind Grasland. Hier ziehen Elefanten über die afrikanische Savanne.

Das Tierreich

Heute wimmelt es auf der Erde nur so von Lebewesen. Es gibt Millionen verschiedener Tier**arten,** die die Wissenschaftler in Gruppen eingeteilt haben. Man unterscheidet zwei große Gruppen: Wirbellose und Wirbeltiere. Wirbeltiere haben eine Wirbelsäule, Wirbellose nicht. Mit jeder Unterteilung steigt die Zahl der Gruppen. Zu den Wirbeltieren gehören die Fische, die Vögel und die **Säugetiere,** etwa Löwen und Elefanten, aber auch der Mensch.

Die große Gruppe der Wirbellosen umfasst kleine Tiere wie Schnecken, Würmer, Krabben, Quallen und **Insekten,** z. B. Bienen, Schmetterlinge und Käfer. Viele Wirbellose leben im Meer.

Die Tiere der Zukunft lassen sich diesen Gruppen zuordnen und besitzen ihre Merkmale, weil sie von heutigen Tierarten **abstammen.** Häufig sind sie ihren Vorfahren in Aussehen und Verhalten ähnlich.

▷ Hier werden einige Wirbeltiere und Wirbellose beschrieben. Da es heute so viele Wirbellose gibt, haben wir Tiere herausgesucht, deren mögliche Nachfahren in diesem Buch vorkommen.

WIRBELTIERE

- Alle Wirbeltiere haben eine Wirbelsäule.
- Sie haben ein Skelett aus Knochen oder Knorpel.
- Sie haben nicht mehr als vier Gliedmaßen.

SÄUGETIERE

Warmblütige Tiere, die lebende Junge gebären. Die meisten haben ein Fell, andere, z. B. die Wale, nicht. Menschen und Fledermäuse gehören zu den **Säugetieren.**

VÖGEL

Warmblütige Tiere mit Federn und Flügeln, die ihre Jungen aus Eiern ausbrüten. Die meisten Vögel können fliegen, einige wie Pinguin oder Strauß jedoch nicht.

REPTILIEN

Wechselwarme Tiere mit trockener, schuppiger Haut, die im warmen Klima leben. Die meisten **Reptilien** legen Eier, einige gebären ihre Jungen lebend.

AMPHIBIEN

Wechselwarme Tiere, die ihr Leben zum Teil im Wasser, zum Teil an Land verbringen. Dazu gehören Frösche, Kröten und Lurche. Ihre Haut ist feucht.

FISCHE

Wechselwarme Wasserbewohner. Sie haben Flossen und einen Schwanz zum Schwimmen. Die Jungen schlüpfen meist aus Eiern. Haie sind Fische.

Warmblüter oder Kaltblüter?

Man kann die Tiere nach ihrer Körpertemperatur einteilen. Warmblüter sind Tiere, die, egal, wie das Wetter ist, immer die gleiche Temperatur halten. Die Temperatur der Kaltblüter oder wechselwarmen Tiere verändert sich je nachdem, ob ihre Umgebung warm oder kalt ist. Alle Wirbellose sind wechselwarm.

▷ Das Krokodil ist ein wechselwarmes **Reptil.** In der Sonne wärmt sich der Körper auf, im Wasser kühlt er ab.

WIRBELLOSE

- Wirbellose haben weder Wirbelsäule noch Skelett.
- Der Körper ist meist weich und bei einigen von einer harten Schale umgeben, dem so genannten Exoskelett.

MOLLUSKEN

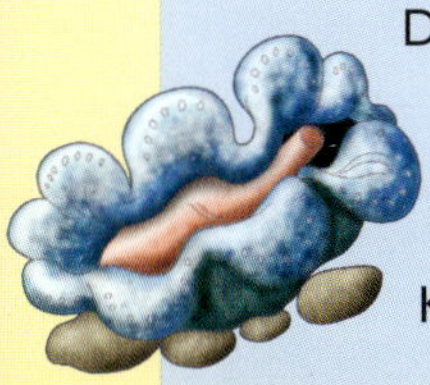

Diese Weichtiere leben häufig im Wasser. Viele haben eine Schale, die den Körper schützt.

KOPFFÜSSER

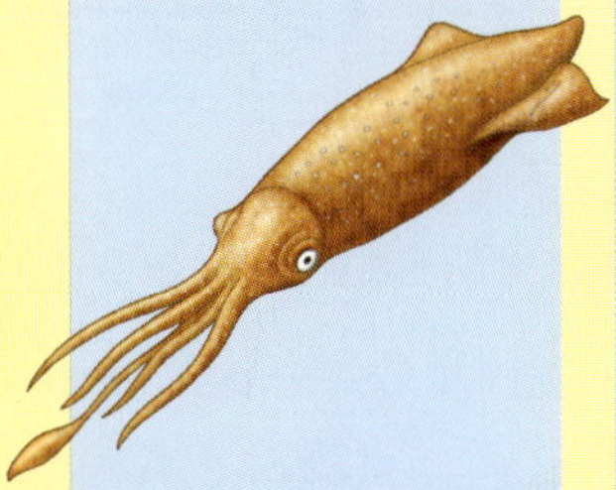

Zu dieser Gruppe gehören Kraken und Tintenfische, die acht Arme haben. Kraken haben zusätzlich zwei Tentakel. Kopffüßer leben im Meer.

SCHNECKEN

Schnecken kriechen mit einem mit Muskeln bepackten Fuß unter dem Bauch. Viele haben eine Schale, die sie als Häuschen mit sich herumtragen.

GLIEDERFÜSSER

Die kleinen Tiere haben ein Außenskelett und gegliederte Beine. Der Körper besteht aus Segmenten.

INSEKTEN

Insekten haben drei Körperabschnitte und sechs Beine. Bienen, Schmetterlinge und Käfer gehören zu den Insekten. Die meisten können fliegen.

SPINNENTIERE

Sie haben zwei Körperabschnitte, acht Beine und keine Flügel. Dazu gehören Spinnen, Skorpione und Milben. Alle Spinnen verspinnen Seide, viele bauen Netze.

Die Regeln der Evolution

Wenn wir vorhersagen wollen, wie sich das Leben auf der Erde entwickeln wird, müssen wir erst einen Blick in die Vergangenheit werfen. Über Jahrmillionen sind im Lauf der **Evolution** Tiere entstanden, die sich an ihren **Lebensraum** angepasst haben. Jedes Tier ist einzigartig. Bei der Geburt unterscheidet es sich minimal von seinen Eltern. Kleine Unterschiede entwickeln sich daher im Verlauf vieler tausend Jahre.

▽ Diese Zebras sehen sich ähnlich, doch jedes ist etwas anders. So wie jeder Mensch einen anderen Fingerabdruck hat, hat jedes Zebra sein eigenes Streifenmuster.

VERHALTENSÄNDERUNG

Manchmal verändert eine Tierart nach und nach ihr Verhalten und passt sich so an ihre Umgebung an. Der Kiwi aus Neuseeland z. B. benutzte seine Flügel nicht mehr. Er lebte in Erdhöhlen und fraß Würmer, **Insekten** und Beeren. Damit waren seine Lebensgewohnheiten denen der Säugetiere anderswo ähnlich.

Am Boden gab es keine **Raubtiere,** die dem Kiwi gefährlich werden konnten. Daher musste er nicht in die Luft fliehen. Nach und nach entwickelte er sich daher zum Bodenbewohner. Erst als der Mensch Ratten, Katzen und Hunde nach Neuseeland brachte, geriet der Kiwi in Gefahr.

Ökologische Nische

Jedes Tier passt in eine **ökologische Nische.** Sein Unterschlupf, seine Nahrung und alles, was es so tut, macht diese Nische aus. Häufig wird eine Nische frei. Als die Kiwis nach Neuseeland kamen, fanden sie eine freie Nische. Sie blieben am Boden, statt zu fliegen, und fraßen Früchte und **Insekten.** Andernorts wird diese Nische von Kleinsäugern wie Igeln besetzt.

Die Körperform

Am auffälligsten verändert sich im Lauf der **Evolution** die Körperform. Sie passt sich langsam an die Umgebung an. Robben, Delfine, Pinguine und viele Fische haben einen stromlinienförmigen Körper, der dem Leben im Wasser angepasst ist. Die längliche, schmale Form macht sie im Wasser schnell.

Einige Vögel haben für den schnellen, wendigen Flug kurze, breite Flügel. Andere gleiten und segeln mit ihren langen, schmalen Flügeln weite Strecken. Doch nicht nur bei den Vögeln hat sich der Körper an das Fliegen angepasst. Auch Fledermäuse fliegen. Fledermäuse und Vögel haben zwar unterschiedliche Vorfahren, doch die Flügel sind gleichermaßen aerodynamisch gebaut. Der Mensch hat sich das zum Vorbild genommen, als er das Flugzeug erfand!

△ Die langen, schmalen Schwingen des Albatros eignen sich gut für den schnellen Gleitflug über das weite Meer. Er segelt auf den Winden und bleibt so in der Luft, ohne mit den Flügeln zu schlagen.

▷ In einem engen und dicht besiedelten **Lebensraum** wie dem Wald ist das Fliegen schwierig. Die Blaumeise ist mit ihren kurzen, breiten Flügeln auf der Jagd nach **Insekten** zwischen den Bäumen überaus wendig.

▽ Der Hai saust mit seinem länglichen Körper und den schlanken Flossen blitzschnell durchs Wasser. Wenn er **Beute** jagt, schießt er mit einem Schlag seines Schwanzes durchs Wasser. Die Rückenflosse hält das Gleichgewicht, sodass er nicht auf die Seite kippt.

Der Kampf ums Überleben

Die Art, wie sich die Tiere an ihre Umgebung anpassen, ist nur ein Teil der **Evolution.** Im Kampf ums Überleben müssen noch viele andere Hindernisse genommen werden. Die Tiere konkurrieren mit anderen um **Lebensraum** und Nahrung. Sie müssen sich und ihre Jungen vor **Raubtieren** schützen. Sie müssen Krankheiten und schweres Wetter überwinden. Nur Tiere, die solche Schwierigkeiten meistern, überleben. Manchmal kann sich eine ganze Art nicht anpassen und stirbt aus. Hier sind einige Strategien beschrieben, die Tiere anwenden, um zu überleben.

DER STÄRKERE ÜBERLEBT

KÖRPERGRÖSSE

Ein Tier, das größer und stärker ist als alle anderen, hat nicht viel zu befürchten. Heute ist der Elefant das größte Landtier. Selbst Raubtiere wie der Löwe halten sich vom Elefanten fern, weil er ihn mit seinen schweren Füßen zertreten könnte.

ZUSAMMENARBEIT

Viele Tiere überleben durch ihren Zusammenhalt. Ameisen, Termiten und Menschen z. B. arbeiten beim Bau ihrer Unterkünfte, bei der Nahrungssuche und bei der Verteidigung gegen Feinde zusammen. Diese Weberameisen bauen ein neues Blätternest. Einige halten das Blatt, während es andere mit Seide vernähen.

SCHNELLIGKEIT

Die Flucht vor Raubtieren ist für viele Tiere die wichtigste Überlebensstrategie. Diese Gazelle versucht die hungrige Löwin abzuschütteln. Wenn die Gazelle überlebt, kann sie ihre Schnelligkeit an die nächste Generation vererben.

VIELE NACHKOMMEN

Auch viele Nachkommen können das Überleben sichern. Fische, **Insekten** und diese Frösche hier legen hunderte von Eiern. Viele Kaulquappen sterben nach dem Schlüpfen. Doch es überleben genügend, um den Fortbestand der Art zu sichern.

WIE ENTWICKELT SICH EINE NEUE ART?

Man teilt jedes Tier einer **Art** zu. Tiere der gleichen Art teilen bestimmte Merkmale und können sich gemeinsam fortpflanzen. Wie sich neue Arten entwickeln, kann man an der Vogelfamilie der Finken beobachten. Auf den Galapagosinseln in Südamerika leben vierzehn verschiedene Finkenarten, die alle von einem gemeinsamen Vorfahren **abstammen.**

1 Vor Jahrmillionen trieb der Wind eine kleine Gruppe Finken von Südamerika aus weit hinaus auf die Galapagosinseln.

2 Die Finken landeten auf zwei verschiedenen Inseln. Es gab nun zwei Gruppen, die voneinander und vom Festland isoliert waren. Jede Gruppe pflanzte sich fort.

3 Im Lauf von Jahrtausenden passten sich die beiden Finkengruppen an verschiedene **Lebensräume** auf ihren Inseln an. Es entstanden neue Arten.

△ Der Kaktusfink ist eine Finkenart der Galapagosinseln. Mit seinem langen, spitzen und schmalen Schnabel durchsticht er die dicke, zähe Haut der Baumopuntien-früchte, um an das weiche, saftige Frucht-fleisch zu gelangen.

△ Der Spechtfink sieht ganz anders aus. Er gehört zu den wenigen Vögeln, die ein Werkzeug gebrauchen: Mit einem Kaktusstachel stochert er Insektenlarven aus dem Stamm.

Hinweise aus der Vergangenheit

Am besten lassen sich die Rätsel der Evolution lösen, wenn man einen Blick in die Vergangenheit wirft. Wenn ein Tier oder eine Pflanze stirbt, bleiben die Überreste häufig als **Fossil** (Versteinerung) erhalten. Die Forscher untersuchen sie, um mehr über die Tiere, ihre Zeit und ihren **Lebensraum** herauszufinden.

Meist bleiben nur Knochen oder Schalen eines Tiers als Fossilien erhalten, seltener das Gehirn oder andere **Organe**. Das macht es schwierig, genau zu bestimmen, wie ein Tier aussah, was es fraß und wie es sich verhielt. Daher sucht man nach anderen Spuren. Ein Zahn verrät, ob ein Tier Fleisch oder Pflanzen fraß. Fossile Fußspuren weisen auf die Größe eines Tiers hin. So lässt sich die Geschichte des Lebens wie ein Mosaik zusammensetzen.

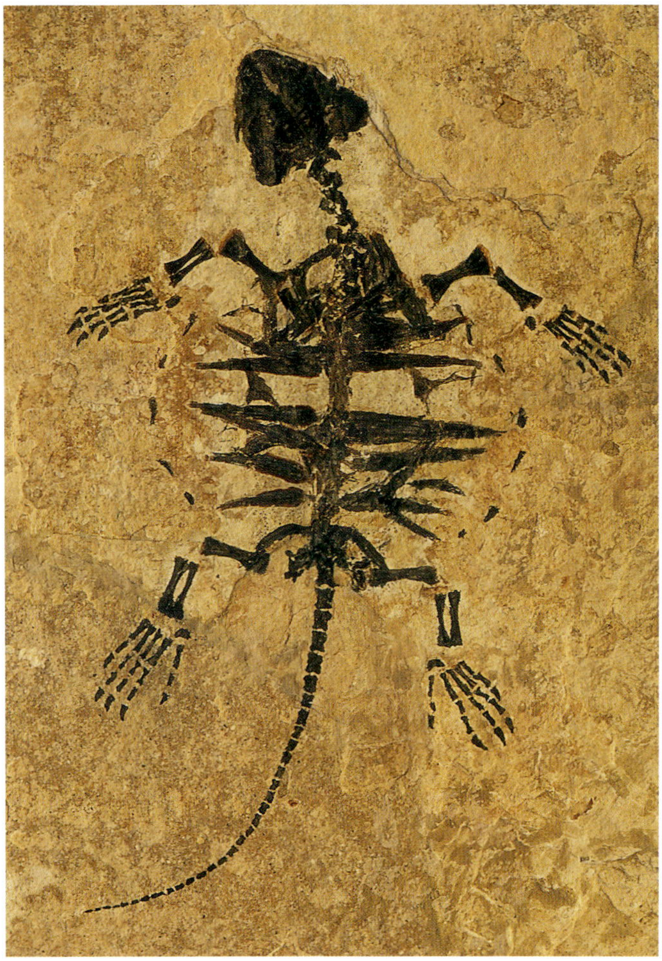

▷ Diese Schildkröte fand man in den USA. Das Alter eines Fossils ermitteln die Wissenschaftler durch die Altersbestimmung der Gesteinsschichten. Diese Schildkröte hat wahrscheinlich vor 50 Millionen Jahren gelebt.

GESCHICHTE DES LEBENS

Die Erde ist nach Schätzung der Wissenschaftler 4,5 Milliarden Jahre alt. Die ersten Lebensformen traten vor drei bis vier Milliarden Jahren im Ozean auf. Zuerst gab es einfachste wirbellose **Organismen.** Später entwickelten sich die Wirbeltiere, verließen das Meer und gingen an Land. Menschen gibt es vergleichsweise erst seit sehr kurzer Zeit.
Auf dieser Doppelseite findest du eine kurze Geschichte des Lebens auf der Erde. Wie aber wird die Evolution in der Zukunft verlaufen? Das erfährst du in diesem Buch!

Vor einer Milliarde Jahren

Die ersten größeren Tiere mit einem weichem Körper, u. a. Quallen und Würmer, leben in den Ozeanen. Sie haben sich aus Bakterien entwickelt.

Vor 500 Millionen Jahren

Die ersten Fische gab es vor rund 500 Mio. Jahren. Vor 370 Mio. Jahren atmeten die ersten fischähnlichen Tiere Luft, entwickelten Beine und gingen an Land.

SO ENTSTEHT EIN FOSSIL

Wenn ein Tier stirbt und auf den Grund eines Sumpfes oder Meeres absinkt, verrottet es, bis nur noch die Knochen übrig sind. Schlamm und Sand lagern sich darauf ab. Im Lauf der Jahrmillionen härten diese Schichten aus und werden zu Stein. Auch die Knochen versteinern. Viel später, wenn die Steinschichten darüber abgetragen werden, kommen die Fossilien manchmal ans Tageslicht.

Moderne Genforschung

Die Wissenschaftler haben herausgefunden, dass jedes Tier seine **Evolution** in den Genen trägt. Die Gene enthalten die Erbinformation, die bestimmt, wie ein Tier aussieht und sich verhält. Sie wird von einer Generation an die nächste weitervererbt. Eltern vererben oft Körpergröße, Augen- und Haarfarbe an ihre Kinder.

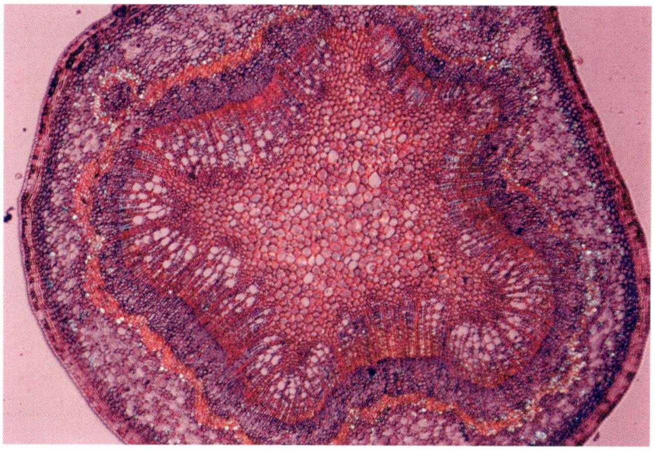

△ Alle Lebewesen bestehen aus winzigen **Zellen.** Hier ist eine Zelle durch ein starkes Mikroskop zu sehen.

Vor 240 Millionen Jahren
Das Zeitalter der Dinosaurier brach an. Auch andere **Reptilien,** etwa Krokodile, entwickelten sich. Vor etwa 65 Millionen Jahren starben die Dinosaurier aus.

Vor 65 Millionen Jahren
Nach dem **Aussterben** der Dinosaurier kam die Blütezeit der **Säugetiere.** Aus fliegenden Reptilien entwickelten sich die Vögel. Auch Blütenpflanzen und **Insekten** kamen auf.

Seit 2 Millionen Jahren
Die Urahnen der Menschen tauchten vor rund zwei Millionen Jahren auf. Später begannen sie Werkzeuge zu verwenden. Heute beherrschen die Menschen die Erde.

Die Evolution der Zukunft

Kann man vorhersagen, welche Tiere es einmal geben wird und wie sie aussehen? Das ist gar nicht so schwer! In diesem Buch versuchen wir uns vorzustellen, wie sich die **Klimate** und **Lebensräume** der Erde verändern und wie die **Evolution** darauf reagiert. Das kannst du auch! Such dir ein heutiges Tier aus, dann einen Zeitabschnitt und Lebensraum aus diesem Buch. Stelle die richtigen Fragen und du wirst wissen, wie es sich entwickelt.

◁ Professor Neill Alexander ist ein führender Biologe. Er entwarf einige der Tiere in diesem Buch, z. B. den Wüstenspringer auf der nächsten Seite.

» Sei kühn, wenn du dir die Tiere der Zukunft vorstellst. Die Evolution hat in der Vergangenheit tolle Sachen hervorgebracht und wird das auch in der Zukunft so halten. Du musst nur dafür sorgen, dass deine Wesen in einer harten Umwelt überleben können. «

Erfinde deine eigene Tierart

Sieh dir die Hinweise und Tipps genau an und entwirf dann dein eigenes Zukunftswesen. Versuch es mit Tieren aus verschiedenen Tiergruppen: einem **Säugetier,** etwa einem Bären, oder einem **Reptil,** z. B. einer Schlange. Stell dir den Lebensraum vor, an den es sich anpassen muss. Am besten machst du dann mehrere Zeichnungen. Überlege dir, wie sich das Tier bewegt, wie groß es ist, ob es Beine hat oder Tentakel oder Fühler. Am Ende gibst du deinem Wesen einen Namen.

EVOLUTIONS-TIPPS

Hier sind ein paar Tipps für die Erfindung neuer Tiere.

- Tiere, die in verschiedenen Lebensräumen zurechtkommen, haben gute Überlebenschancen.
- Tiere kalter Gegenden brauchen, um nicht auszukühlen, eine Fettschicht oder Fell.
- Tiere der Wüste müssen Wasser speichern können.
- Wenn es wenig Nahrung gibt, nützt ein breites Nahrungsspektrum.
- Ein großer Körper schützt vor **Raubtieren.**
- Im Lauf der Erdgeschichte sind oft Tiere aus dem Wasser an Land gegangen.

WIE WIRD AUS EINER SCHNECKE EIN WÜSTENSPRINGER?

Eines der seltsamsten Wesen in diesem Buch ist der Wüstenspringer – eine Riesenschnecke, die springen kann. Das Wesen, das wir uns ausgedacht haben, lebt in einer heißen, trockenen Wüste, der Regenschattenwüste. Welche Fragen haben wir uns gestellt, als wir die kleine, schleimige Schnecke in eine riesige, hüpfende verwandelten?

1 VON WELCHEM HEUTE LEBENDEN TIER GEHEN WIR AUS?

Es gibt heute mehr als 800 000 Schneckenarten. Gemeinsam ist ihnen der Fuß aus Muskelgewebe, der über eine Schleimspur gleitet. Eine harte Schale schützt den Körper. Aber es gibt auch eine hüpfende Schneckenart. Diese lebt im Meer und wenn sie bedroht wird, hüpft sie ihren Feinden davon.

2 WELCHE ÜBERLEBENSCHANCEN HAT ES IN EINER NEUEN UMGEBUNG?

Schnecken sind sehr anpassungsfähig. Es gibt sie überall auf der Erde, im Garten ebenso wie im Gebirge oder im Meer, ja sogar in der Wüste. Schnecken müssen sich zwar feucht halten, überleben aber in Trockengebieten, indem sie ihre Schale mit einer Schleimschicht versiegeln. Sie sind nicht wählerisch, denn sie fressen Fleisch und Pflanzen.

3 WIE KÖNNTE ES SICH ANPASSEN UND ENTWICKELN?

In 200 Millionen Jahren muss die Schnecke mit den extremen Bedingungen der Regenschattenwüste zurechtkommen. Die Wüste ist sehr trocken, daher muss die Schnecke Wasser speichern. Auch die Nahrung ist knapp. Die Schnecke hat sich so entwickelt, dass sie keine Schleimspur mehr hinterlässt. Dadurch bleibt die wertvolle Feuchtigkeit im Körper. Statt zu kriechen, springt sie. So kann sie auf der Suche nach Nahrung große Strecken zurücklegen.

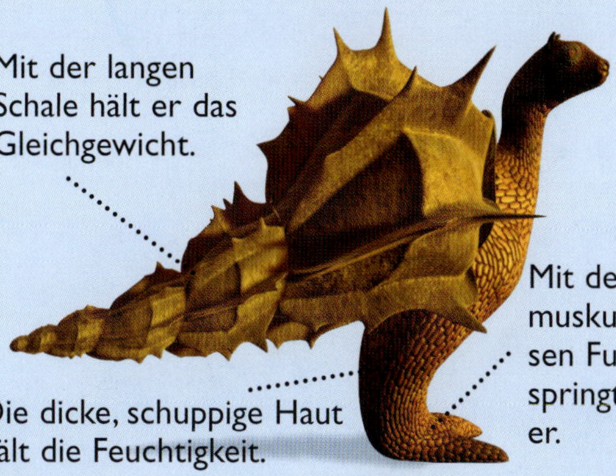

4 WIE SIEHT DAS NEUE TIER AUS?

Der Wüstenspringer ist viel größer als sein Vorfahre: 30 Zentimeter hoch und 20 Zentimeter lang, also etwa so groß wie ein Hase. So groß konnte er werden, weil es nur wenige Tiere gibt, mit denen er um Nahrung konkurriert. Die Haut ist ledrig und schuppig wie die eines **Reptils.** Dadurch entweicht nur sehr wenig Feuchtigkeit aus dem Körper des Wüstenspringers.

In 5 Millionen Jahren

In fünf Millionen Jahren wird eine Eiszeit die Erde fest im Griff haben. Die Eiskappen, die zu Zeiten der Menschen den **Nordpol** und den **Südpol** bedeckten, reichen nun viel näher an den **Äquator.** Auf der Erde ist es kalt und trocken. Viele Tiere und der Mensch sind **ausgestorben.** Nur besonders anpassungsfähige Tiere können unter diesen extremen Bedingungen leben.

▽ Diese Karte zeigt, wie die Erde in fünf Millionen Jahren aussehen könnte.

HEUTE

IN DER ZUKUNFT

Die Nordamerikanische Wüste

Als es noch Menschen gab, war Nordamerika **fruchtbar.** Fünf Millionen Jahre später sind die grünen Felder ausgetrocknet und einer kalten, trockenen Wüste gewichen.

Die Erde zur Zeit der Menschen

Auch als es noch Menschen gab, waren der Nordpol und der Südpol die kältesten Regionen der Erde. Doch während es in Polnähe sehr kalt war, wurde das **Klima** zum Äquator hin wärmer und feuchter. In jedem der vielen Klimate gab es andere **Arten,** die sich an die Lebensbedingungen angepasst hatten.

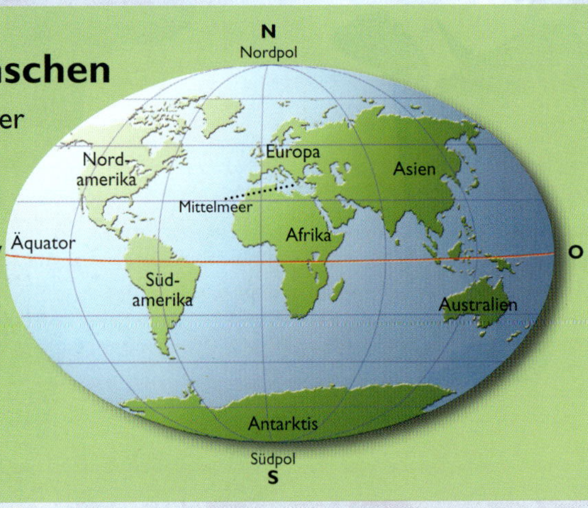

LEGENDE

- Landgebiete
- Grasland
- Gebirge
- Wüste
- Salzebenen
- Eiskappen
- Ozean

Nordeuropa

Im Zeitalter des Menschen war Nordeuropa geprägt von großen Städten und fruchtbarem Ackerland. Fünf Millionen Jahre später ist es eines der kältesten Gebiete der Erde. Auf dem schneebedeckten Land wachsen keine Bäume. Die Meere sind eiskalt.

HEUTE

IN DER ZUKUNFT

Mittelmeerraum

Für die Menschen waren die Mittelmeerküsten ein beliebtes Ferienziel. Fünf Millionen Jahre später ist das Mittelmeer ausgetrocknet. Zurück bleibt eine weiße Salzkruste.

HEUTE

IN DER ZUKUNFT

HEUTE

IN DER ZUKUNFT

Amazonasgebiet

Als es noch Menschen gab, wucherten am feucht-warmen Amazonas dichte Regenwälder. Fünf Millionen Jahre später hat eine Trockensavanne die hohen Bäume verdrängt.

Der Nordeuropäische Eisschild

In der Eiszeit ist es in Nordeuropa kalt und trostlos geworden. Weite Gebiete liegen unter einer dicken Eisschicht. **Gletscher** kriechen langsam die Berghänge hinab in Richtung Meer. Gewaltige Eisberge treiben durch den kalten Ozean.

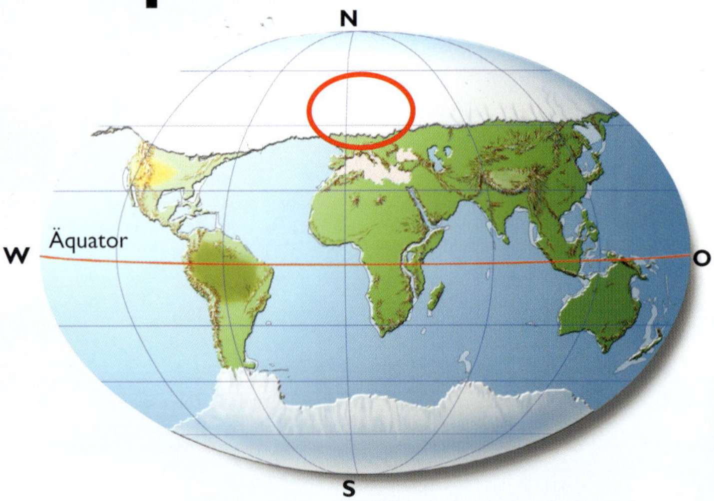

△ Am Rand der dicken Eisschicht, die Nordeuropa überzieht, ist es im Meer und an Land bitterkalt.

Der Tölpelwal

Ein Tier hat sich perfekt an das Leben im Eiswasser angepasst: der Tölpelwal. Die Tölpelwale haben die Meeressäugetiere abgelöst, also die Seelöwen, die Robben, Wale und Walrosse, die die frostigen Temperaturen der Eiszeit nicht ausgehalten haben.

Der Tölpelwal ist kein **Säugetier**, sondern ein riesenhafter Vogel! Die meiste Zeit hält er sich im Meer auf. Dort fängt er mit seinem langen, schmalen Schnabel blitzschnell Fische.

▽ Im Sommer suchen die Tölpelwale ihre Brutgebiete auf. Sie legen ihre Eier und brüten sie aus. Tölpelwale sind im Wasser schnell und wendig, an Land jedoch schwerfällig. **Raubtiere** sind eine Gefahr für die Muttertiere und die Eier.

Eiablage

Der Sommer ist in Nordeuropa kurz. Die Tölpelwale müssen in aller Eile Eier legen und die Jungen großziehen, solange es ein wenig wärmer ist. Jedes Weibchen legt ein Ei, schiebt es sich unter den Schwanz und brütet es mit seiner Körperwärme aus. Es bewacht das Ei, bis das Küken schlüpft. Raubtiere, die sich in die Nähe wagen, greift es mit dem Schnabel an. Das Männchen geht im Meer auf Jagd und versorgt das brütende Weibchen.

DER GANG DER EVOLUTION

Der Tölpelwal gleicht in vielem dem Pinguin, der einst in den kalten Meeren lebte. Wie der Pinguin hat sich auch der Tölpelwal perfekt seiner Umgebung angepasst. Die Flügel haben sich im Lauf der **Evolution** zu Flossen umgebildet, mit denen er durchs Wasser schnellen kann. Eine dicke Fettschicht hält ihn im eiskalten Wasser warm.

△ Mit seinem spindelförmigen Körper und den kräftigen Flossen schwimmt der Pinguin schnell und elegant.

Leben im kalten Klima

Am Rand der Eisgebirge und **Gletscher** Nordeuropas erstreckt sich, soweit das Auge reicht, ein breiter Tundrengürtel. Die **Tundra** ist ein ebener, baumloser Landstrich. Nur wenige kleine Sträucher und andere widerstandsfähige Pflanzen wachsen hier. Der Boden ist das ganze Jahr über bis knapp unter die Oberfläche gefroren. In der Tundra gibt es kaum Nahrung und die Tiere müssen das ganze Jahr über mit Minustemperaturen zurechtkommen.

Der Schneeschleicher ist eines der Tiere, die sich gut gegen die Kälte gerüstet haben. Sein dickes weißes Zottelfell hält ihn warm und bietet im Schnee gute **Tarnung**.

Der Schneeschleicher jagt allein. Seine breiten, abgeflachten Pfoten tragen ihn sicher über den Schnee. Der Schneeschleicher ist zwar klein, jedoch ein gefährliches **Raubtier.** Er tötet Tiere, die viel größer sind als er, indem er ihnen seine langen Zähne in die Kehle stößt.

Die Schneeschleicherfamilie

Das Schneeschleicher-Weibchen wirft seine Jungen zu Beginn des kurzen Sommers, sodass sie bei wärmerem Wetter aufwachsen können. Die Jungtiere bleiben die meiste Zeit allein, während ihre Mutter auf Jagd ist.

▷ Der Schneeschleicher ist ein gefürchteter Jäger. Er greift flink und leise an, drückt seine **Beute** mit den scharfen Klauen zu Boden und beißt ihr mit den spitzen Stoßzähnen in die Kehle.

▽ Die jungen Schneeschleicher spielen mit einem Fleischstückchen Tauziehen. Mit solchen spielerischen Kämpfen kräftigen die Jungtiere ihr Gebiss und lernen wichtige Fähigkeiten, die sie später brauchen werden.

Die Wollratte

Die Lieblingsbeute des Schneeschleichers ist die Wollratte. Wollratten ziehen in riesigen Verbänden über die Tundra und fressen das kurze Gras. Sie gehören zu den **Nagetieren,** die eine Gruppe innerhalb der Klasse der **Säugetiere** bilden. Doch die Wollratten sind viel größer als ihre **Vorfahren.** Wie viele Bewohner kalter Gebiete schützt die Wollratten ihr großer Körper vor der Eiseskälte.

▷ Eine Herde Wollratten trottet über den Schnee. Die Tiere bleiben zusammen, weil sie sich so besser gegen **Raubtiere** wehren können.

Das Mediterrane Becken

Als es noch Menschen gab, zählten die Küsten rund ums Mittelmeer zu den beliebtesten Feriengebieten der Erde. Das ganze Jahr über kamen die Menschen an die Strände, um Sonne, See und Sand zu genießen.

Man stelle sich nun einen gleißend weißen Salzsee vor, ausgetrocknet von der sengenden Hitze der Sonne. Das ist die Mittelmeerregion der Zukunft. Die Tiere dieser Salzebenen sind gut an das trockene Klima angepasst.

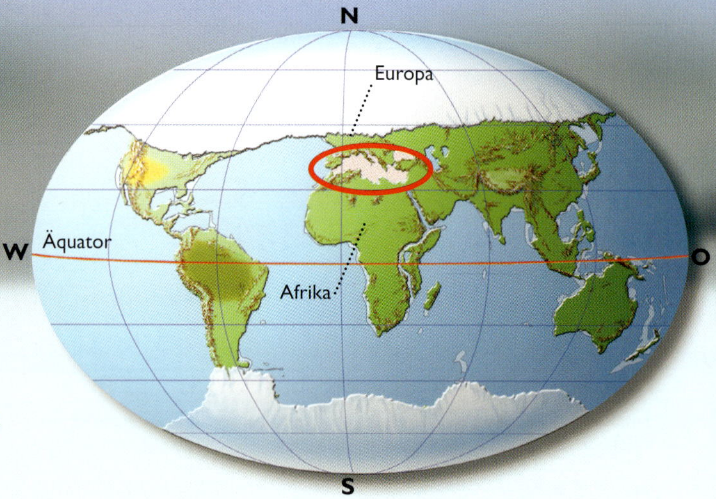

△ Das Mediterrane Becken liegt zwischen den **Kontinenten** Europa und Afrika.

△ Das Mediterrane Becken ist eine gewaltig große, schimmernde Salzfläche, umgeben von felsigem Gebirge. Es gibt kaum Niederschlag, doch wenn es regnet, verwandelt sich der Boden in salzigen Morast.

Der Salzdrache

Reptilien, also Schlangen und Echsen, kommen in warmen Klimaten gut zurecht. Daher überrascht es nicht, dass das erfolgreichste Lebewesen hier eine Echse ist: der Salzdrache. An den Rändern der Salzebenen sammeln sich riesige Fliegenschwärme. Diese winzigen Fliegen bieten dem Salzdrachen reichlich Nahrung. Er erbeutet die Insekten mit einer Art Fliegenfänger: dem Hautkragen rund um seinen Hals. Der Salzdrache läuft in einen Fliegenschwarm hinein und die Tierchen bleiben am Kragen kleben. Mit der langen Zunge sammelt er die Insekten ein.

Farbenpracht

Der Salzdrache ist ein Meister der **Tarnung.** Mit seiner blassen Farbe ist er in der Salzebene kaum zu sehen. Manchmal aber will er gesehen werden. Bei der Partnersuche zum Beispiel spreizt sich sein Kragen und leuchtet in den schönsten Farben. Dadurch hebt er sich vom Salz ab und kann von einem Weibchen von weitem gesehen werden.

▽ Der Salzdrache stößt mit seiner langen Zunge in den Fliegenschwarm. Das Wasser der Salzebenen kann man nicht trinken. Die Fliegen liefern dem Salzdrachen Nahrung und Flüssigkeit.

DER GANG DER EVOLUTION

Zu Zeiten der Menschen gab es in Australien Kragenechsen. Auch sie hatten einen Hautkragen rund um den Hals, den sie aufstellen konnten. Ihr Kragen war allerdings nicht klebrig und die Kragenechse stellte ihn auf, wenn sie andere Echsen aus ihrem Revier vertreiben wollte oder mit anderen Männchen um ein Weibchen stritt.

△ Die Kragenechse wirkt mit ihrer aufgestellten Hautfalte größer und wehrhafter.

△ Das Weibchen sieht das farbenfrohe Männchen und eilt über die Salzebene zu seinem neuen Partner. Die beiden rennen nun in einem seltsamen Paarungsritual gemeinsam über das Salz.

Das Leben im Karst

Die Ränder der Salzebenen säumt eine trockene, graue und felsige Landschaft: der **Karst.** Der Karst besteht aus Kalkstein, einer Gesteinsart, die gut Wasser aufnimmt. Im Lauf von Jahrmillionen trägt das Wasser das Gestein ab und bildet tiefe Spalten und Klüfte.

Im Karst wohnen andere Tiere als auf den Salzebenen. Einige **Säugetiere** und **Insekten** leben in den Spalten, wo sie vor dem kalten Wind geschützt sind. Andere suchen oben auf dem felsigen Boden nach Nahrung.

Das Rüsselschwein

Das Rüsselschwein hat sich bestens an die Felslandschaft angepasst. Das leichte Tier hat schlanke, bewegliche Beine und schmale Hufe. Damit kann es über den unebenen Boden und die tiefen Klüfte springen.

Den größten Teil des Tages schnüffeln die Rüsselschweine mit ihrer langen Schnauze nach Pflanzen und Insekten. Sie leben in einem Familienverband. Die ausgewachsenen Tiere haben ein Auge auf die Frischlinge, die im Karst umherhüpfen, denn in den Klüften lauern zahllose Gefahren.

DER GANG DER EVOLUTION

Die Vorfahren der Rüsselschweine waren die Wildschweine, die zu Zeiten der Menschen weit verbreitet waren. Es gab sie in fast jedem Lebensraum. Als die Eiszeit hereinbrach und die Nahrung knapp wurde, starben viele Tierarten aus. Schweineähnliche Tiere überlebten, weil sie bei der Nahrung nicht wählerisch waren und im kalten **Klima** leben konnten.

◁ Wildschweine waren **Allesfresser.** Sie ernährten sich von kleinen Tieren, Wurzeln und Getreide.

Der Kluftschleicher

Tief in den Klüften lebt ein Säugetier, das den Rüsselschweinen auflauert. Der Kluftschleicher ist ein **Raubtier** und gut an das Leben in der Felslandschaft angepasst. Er hat einen langen geschmeidigen Körper, der sich durch die engen Klüfte winden kann. Mit den schwarzen und weißen Streifen auf dem Kopf ist er im Fels gut getarnt. Wenn ein Rüsselschweinfrischling von der Herde getrennt wird, schlägt der Kluftschleicher zu und zerrt seine Beute tief in eine Kluft.

△ Ein Kluftschleicher spitzt über den Fels und schnuppert. Die langen, scharfen Zähne durchstoßen sogar dicke Rüsselschweinhaut.

▽ Eine Rüsselschweinmutter verjagt einen Kluftschleicher. Die Rüsselschweinfrischlinge hinter ihr können in Ruhe weiter Nahrung suchen.

Die Savanne Amazoniens

Als es noch Menschen auf der Erde gab, war das Gebiet am mächtigen Amazonas für seine feucht-warmen Regenwälder berühmt. Fünf Millionen Jahre später ist es kälter und trockener. Die Bäume sind verschwunden und an Stelle des Amazonas fließen kleinere Flüsse und Bäche. Regelmäßig suchen Buschbrände die trockene Savanne heim.

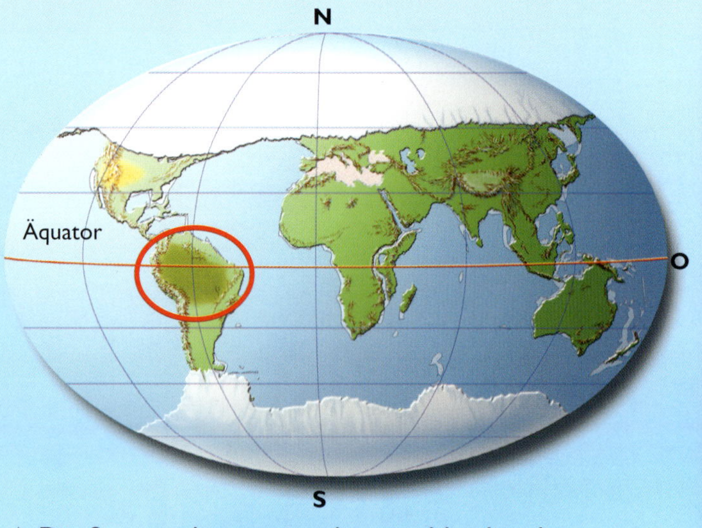

△ Die Savanne Amazoniens liegt im Norden des einstigen **Kontinents** Südamerika.

Purpurgesicht

Um den Wechsel vom Regenwald in die Savanne zu bewältigen, müssen die Tiere von den Bäumen auf die Erde kommen und sich ans Leben am Boden anpassen. Zu den Lebewesen, denen das gelungen ist, zählt das Purpurgesicht. Dieser Affe lebt in großen Verbänden in der Savanne und ernährt sich von Fisch, Insekten und Pflanzen.

Die Vorfahren des Purpurgesichts schwangen sich im Regenwald mit ihrem langen Greifschwanz von Baum zu Baum. Die Purpurgesichter brauchen den Schwanz zu etwas anderem: Sie winken sich damit über dem Gras zu. Ihre Feinde dagegen halten die Schwänze für Grashalme und nehmen sie daher nicht wahr.

▷ Die Purpurgesichter winken sich mit ihrem langen, geraden Schwanz zu. Dieses Verständigungssystem belegt einmal mehr die Intelligenz der Affen.

BAU EINER FISCHFALLE

Das Purpurgesicht ist ein **Allesfresser,** mag also pflanzliche und tierische Kost. Es ist hochintelligent und hat gelernt Fischfallen zu bauen. Mit den geschickten Fingern webt das Tier einen hohlen Korb, in den die Fische hineinschwimmen. Es legt den Korb an den Rand eines Flusses oder Bachs. Später kontrolliert das Purpurgesicht die Falle und verzehrt die gefangenen Fische.

Der Rasselrücken

Einer der zähsten Savannenbewohner ist der Rasselrücken. Seinen Namen verdankt dieses **Nagetier** dem rasselnden Geräusch, das die harten Platten auf seinem Rücken machen. Diese Platten wirken wie ein feuerfester Panzer. Wenn ein Buschfeuer die Savanne verbrennt, legt sich der Rasselrücken einfach flach auf den Boden. Die Flammen fegen über ihn hinweg, ohne ihn zu verletzen.

△ Die harten Platten auf dem Rücken bestehen aus Horn – ähnlich den Stacheln eines Stachelschweins oder dem spitzen Horn eines Nashorns.

Der Renngreif

Der schnellste und gefährlichste Raubvogel der Savanne Amazoniens ist der große Renngreif. Wie der Vogel Strauß zu Zeiten des Menschen kann der Renngreif nicht fliegen. Das ist auch nicht nötig, denn er ist schnell und am Boden gibt es reichlich Nahrung.

Der Renngreif ist ein **Greifvogel,** das heißt, er tötet Tiere und frisst sie. Abgesehen von den rot-schwarzen Federn am Hinterkopf sind Kopf und Hals des Renngreifs kahl. So kann er fressen, ohne dass die Federn vom Blut verschmiert werden.

Grillfest

Renngreife jagen im Rudel und machen sich die häufigen Buschfeuer zu Nutze. Während das Feuer über die Savanne fegt, laufen sie immer ein Stück voraus und schnappen sich die kleinen Tiere – auch Insekten –, die vor den Flammen fliehen. Oder sie folgen dem Feuer und fressen die Tiere, denen die Flucht nicht gelungen ist.

△ Renngreife laufen auf ihren langen, kräftigen Beinen vor einem Buschfeuer her. Die kurzen Stummelflügel eignen sich nicht zum Fliegen. Dafür halten die Tiere damit beim Rennen das Gleichgewicht.

▽ Ein Muttertier bewacht die Eier. Bei Gefahr stellt der Renngreif zur Abschreckung die rot-schwarzen Federn auf. Mithilfe der Federn verständigen sich die Renngreife auch über das hohe Gras hinweg.

Die Nordamerikanische Wüste

Zu Zeiten der Menschen gab es in Nordamerika große Städte, satte Wälder und fruchtbares Ackerland. Die frostigen Temperaturen der Eiszeit jedoch haben den **Kontinent** in eine bitterkalte Felswüste verwandelt. Die heftigen **Tornados** und Sandstürme, die über die Wüste fegen, lassen kaum Pflanzenwuchs zu. Die Tiere, die hier leben, müssen längere Zeit ohne Nahrung auskommen.

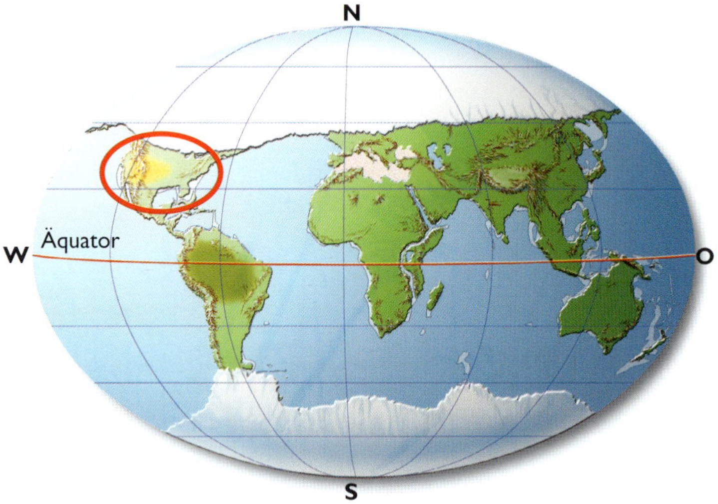

△ Die Nordamerikanische Wüste erstreckt sich über die gesamten ehemaligen USA.

Der Todesengel

Am Himmel hoch über der Wüste drehen seltsame Wesen ihre Runden. Es sind Todesengel, riesige Fleisch fressende Fledermäuse. Sie können sehr gut sehen und riechen und spüren ihre **Beute** auch im letzten Versteck auf. Todesengel wohnen in Höhlen; in den kalten Wüstennächten kuscheln sie sich aneinander. Bei Nahrungsknappheit fallen sie in eine **Kältestarre.** So sammeln sie Energie für längere Flüge.

◁ Der Todesengel hat scharfe Zähne und Krallen an den Füßen, mit denen er seine Beute packt. Am Boden stützt er sich auf die Ellbogen.

DER GANG DER EVOLUTION

Der Todesengel hat vieles mit dem Vampir gemein, der zu Zeiten des Menschen lebte. Wie der Vampir, so sammelt auch der Todesengel in speziellen Kehlsäcken Blut und teilt es, wenn er in die Höhle zurückkehrt, mit seinen Artgenossen.

△ Der Vampir schlug mit den Zähnen zwei Löcher in die Haut eines Tiers und leckte dann das Blut auf.

△ Dank seiner großen **Flügelspannweite** kann der Todesengel weite Strecken zurücklegen. Allerdings muss er tagsüber fliegen, denn dann kann er in der warmen Luft gleiten, die aus der Wüste aufsteigt.

In 100 Millionen Jahren

In hundert Millionen Jahren wird unser Planet die schreckliche Eiszeit hinter sich haben. Die **Kontinentalplatten** sind weitergedriftet, sodass sich Form und Lage der **Kontinente** verändert haben. Es ist etwas wärmer als zu Zeiten der Menschen. Das Eis, das einst die **Pole** bedeckte, ist ganz geschmolzen. Dadurch ist der Meeresspiegel angestiegen und das Wasser hat weite Gebiete überschwemmt. Im feucht-warmen Klima konnte sich eine mannigfaltige Tierwelt entwickeln.

▽ Diese Karte zeigt, wie die Erde in hundert Millionen Jahren aussehen könnte.

Die Bengalischen Sümpfe

Die feucht-warmen Bengalischen Sümpfe erstrecken sich über tausende von Kilometern. Die Flüsse sind trüb und am Grund schlammig. Im fruchtbaren Sumpf wuchern dichte Grünpflanzen und Bäume.

Die Erde zur Zeit der Menschen

Zu Zeiten der Menschen befanden sich an den Polen dicke Eiskappen. Es gab weite Landflächen, auf denen sich die Tiere frei bewegen konnten. Nahe dem Äquator, etwa in Südamerika und Australien, war es warm. Die **Lebensräume** dort sind denen vergleichbar, die wir uns für die Zeit in hundert Millionen Jahren vorstellen.

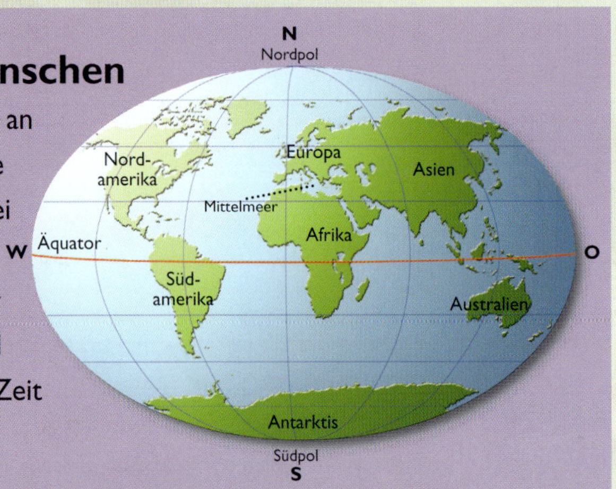

LEGENDE

- Landgebiete
- Wald
- Gebirge
- Sumpf
- Seichte Meere
- Ozean

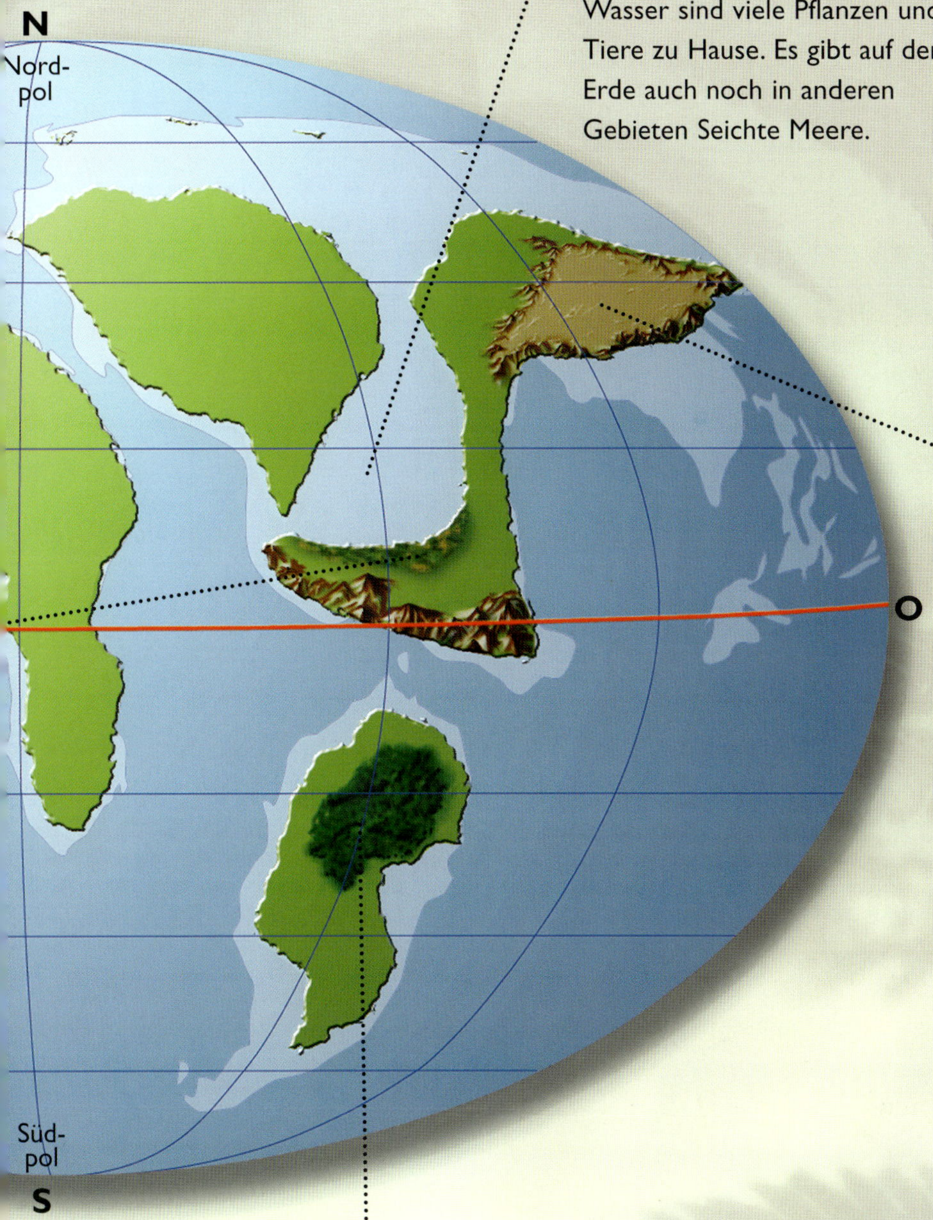

Die Seichten Meere

Hier liegen die Seichten Meere. Im klaren, sonnendurchfluteten Wasser sind viele Pflanzen und Tiere zu Hause. Es gibt auf der Erde auch noch in anderen Gebieten Seichte Meere.

Das Große Plateau

Das Hochland des Großen **Plateaus** liegt zwischen den Gipfeln des höchsten Gebirges der Erde. In der dünnen Höhenluft fällt das Atmen schwer.

Der Antarktische Dschungel

Die Antarktis ist näher an den Äquator gerückt. Das Klima ist nun warm und feucht. Die Nordhälfte überzieht ein dichter grüner Regenwald.

Die Seichten Meere

Weil es auf unserer Erde in hundert Millionen Jahren so warm ist, wird mehr Landfläche unter Wasser liegen als zu Zeiten der Menschen. Dazu gehört auch das Gebiet der Seichten Meere. Das Wasser ist hier nicht tiefer als 15 Meter und das Sonnenlicht reicht bis hinunter auf den Meeresboden. In dem warmen, sonnendurchfluteten Wasser wimmelt es nur so von allen möglichen Lebewesen.

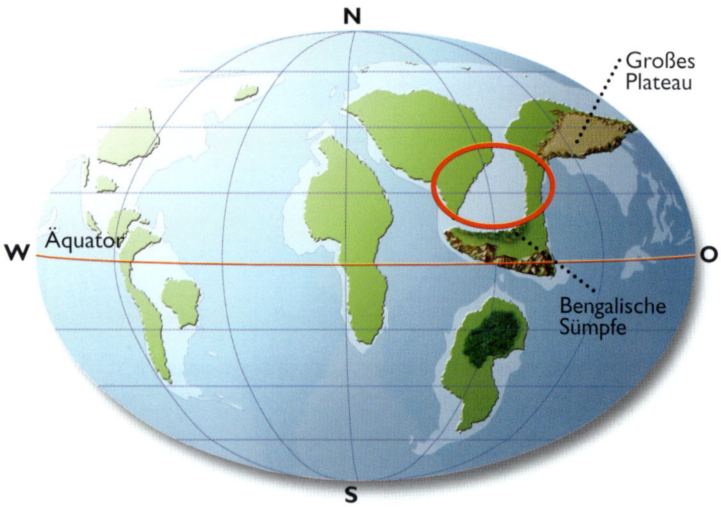

△ Die Seichten Meere liegen zwischen den Bengalischen Sümpfen und dem Großen Plateau.

Felsriffe

Den Boden der Seichten Meere überziehen riesige **Felsriffe**. Auf diesen Riffen wachsen die dicken roten Blätter der Rotalge. Sie bilden die Nahrungsgrundlage für viele Lebewesen, die in den Höhlen und Gängen des Riffs Schutz vor größeren Tieren finden.

Der Riffgleiter

Einer der Riffbewohner ist der Riffgleiter. Das tropfenförmige Tier erreicht die Größe einer Robbe. Rechts und links hat es drei kräftige Paddel, mit denen es auf der Suche nach Nahrung durchs Wasser rudert. Junge Riffgleiter ernähren sich von Algen, die ausgewachsenen Tiere sind Fleischfresser. Wie Fische atmen die Riffgleiter durch **Kiemen**, die den **Sauerstoff** aus dem Wasser filtern. Bei Fischen befinden sich die Kiemen im Körper und von außen sieht man nur die kleinen Schlitze. Der Riffgleiter dagegen zieht seine Kiemen hinter sich her.

DER GANG DER EVOLUTION

Der Riffgleiter hat sich aus Meeresschnecken entwickelt. Das waren farbenfrohe, knochenlose Tierchen, die zu Zeiten der Menschen über den Meeresboden krochen. Der Riffgleiter ist jedoch viel größer und braucht mehr Nahrung. Er hat Paddel zum Schwimmen und kann auf der Suche nach Nahrung weite Strecken zurücklegen.

△ Wie der Riffgleiter zeigt auch diese Schnecke mit ihrer Signalfarbe ihren Feinden, dass sie giftig ist.

▽ Die Augen der Riffgleiter sitzen auf beweglichen Stielen. Mit den kleinen Geruchsorganen auf der Stirn können sie sehr gut riechen und im Wasser Beutetiere aufspüren.

Das Phantom der Meere

Über das **Riff** kriecht ein bedrohlicher dunkler Schatten. Es ist das riesenhafte Phantom der Meere, der größte Jäger der Seichten Meere. Mit einer Länge von zehn und einer Breite von vier Metern hat es die Größe eines Wals aus der Zeit der Menschen. Das Phantom der Meere sieht aus wie ein gigantisches Floß. Auf dem Floß befinden sich mit Gas gefüllte Segel, mit denen sich das Phantom der Meere fortbewegt. Unter dem Floß hängen lange Tentakel im Wasser.

Das Phantom der Meere sieht zwar aus wie ein einzelnes Tier, besteht aber in Wirklichkeit aus tausenden kleiner Tierchen, die in einer **Kolonie** zusammenleben. Jedes Einzelwesen übernimmt eine bestimmte Aufgabe. Es ist Teil des Floßes, Teil eines Segels oder gar Teil einer Tentakel, mit denen das Phantom Beute macht. Die Algen auf dem Floß fahren sozusagen als blinde Passagiere mit.

▽ Die braunen Algen auf dem Phantom übernehmen in der Kolonie eine wichtige Aufgabe. Dafür, dass sie einen sicheren, sonnigen Lebensraum erhalten, stellen sie zusätzliche **Nährstoffe** für das Phantom her. Mit seinem braunen Algenbewuchs sieht das Phantom aus wie ein schwimmendes Feld.

Das Phantom auf Reisen

Meist liegen die Segel auf der Reise über die Seichten Meere flach. Doch wenn das Phantom auf Beutefang geht, füllen sich die Kammern in den Segeln mit Gas und stellen sich auf. Rund um die Kammern befindet sich ein Röhrennetzwerk. Indem das Phantom verschiedene Röhren mit Wasser voll pumpt, ändert es die Form des Segels und damit die Fahrtrichtung. Dadurch kann es jungen Riffgleitern, die am Riff Algen fressen, und anderen Beutetieren folgen.

DER GANG DER EVOLUTION

Die Portugiesische Galeere war entfernt mit dem Phantom der Meere verwandt. Auch sie bestand aus vielen Einzelorganismen, die in einer Kolonie zusammenarbeiteten. Doch das Phantom hat sich weiterentwickelt und ist viel größer als seine Verwandte. Weil es so groß ist, wird es nicht so leicht von anderen Tieren gefressen und ist selbst ein gefürchteter Jäger.

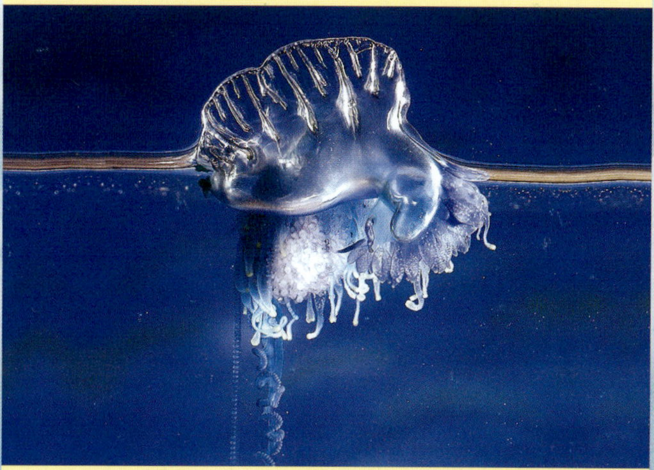

△ Die Portugiesische Galeere bewegte sich mit einem Segel voran. Mit den Tentakeln fing sie Beute.

Angriff und Verteidigung

Das Phantom der Meere segelt auf der Suche nach jungen Riffgleitern über das Meer. Die langen Tentakel enden in einer Art Glocke, die sich öffnet und das Beutetier umschließt. Die Nahrung wird dann in **Nährstoffe** aufgespalten und an die Einzelwesen der Kolonie verteilt. Hin und wieder wird ein Phantom auch angegriffen. Doch es wehrt sich mit einem ausgeklügelten Verteidigungssystem.

SEGEL
Dieses Segel enthält Röhren, die sich mit Wasser füllen lassen. Die Wassermenge beeinflusst Form und Stellung des Segels.

▷ Dieses Bild zeigt, wie die vielen Teile des Phantoms zusammenwirken.

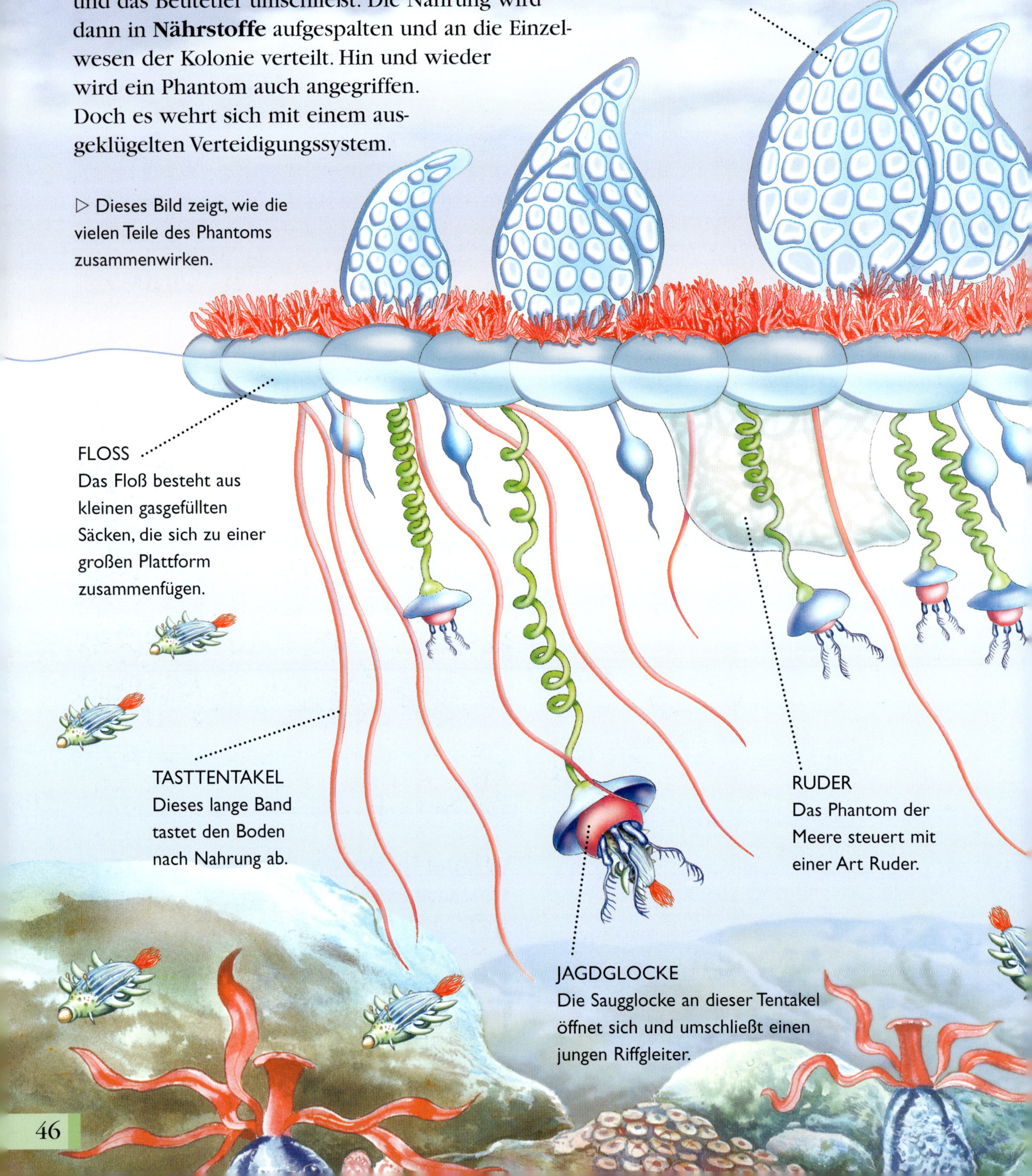

FLOSS
Das Floß besteht aus kleinen gasgefüllten Säcken, die sich zu einer großen Plattform zusammenfügen.

TASTTENTAKEL
Dieses lange Band tastet den Boden nach Nahrung ab.

RUDER
Das Phantom der Meere steuert mit einer Art Ruder.

JAGDGLOCKE
Die Saugglocke an dieser Tentakel öffnet sich und umschließt einen jungen Riffgleiter.

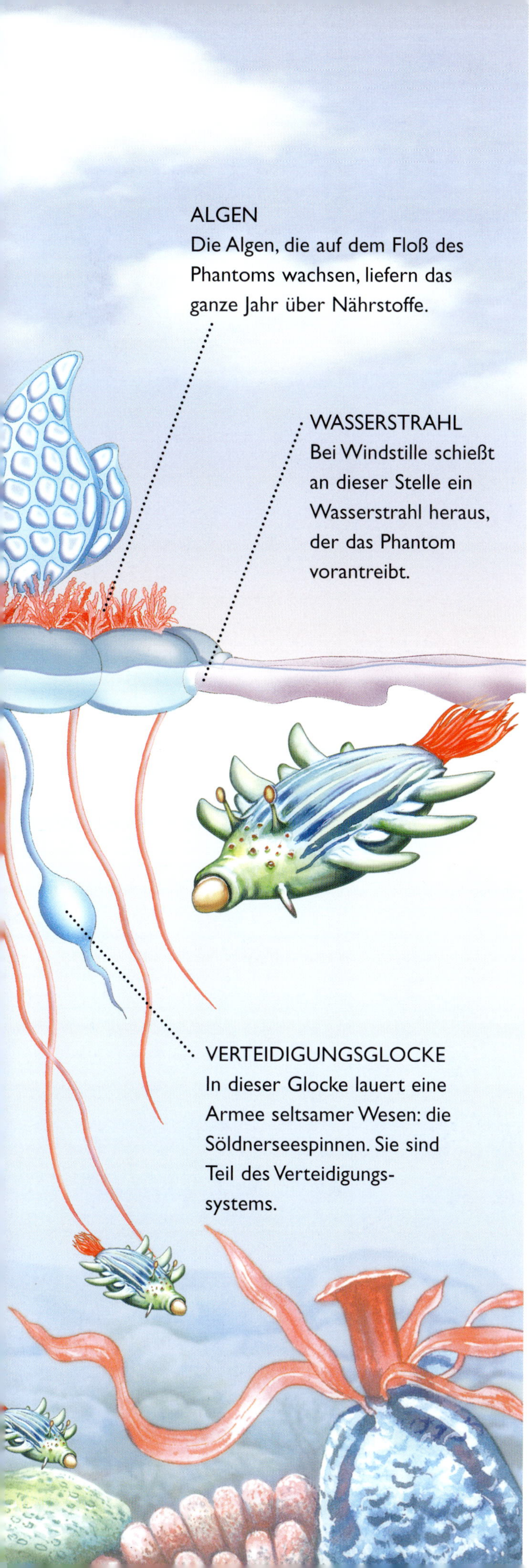

Die Söldnerseespinne

Junge Riffgleiter sind für das Phantom eine leichte **Beute.** Ausgewachsene Tiere dagegen jagen in Gruppen. Sie greifen das Phantom von allen Seiten an. Doch das Phantom der Meere hat eine Geheimwaffe: eine Armee aus Söldnerseespinnen.

Die Söldnerseespinnen haben sich aus den Seespinnen entwickelt, die es zu Zeiten der Menschen gab. Sie leben in den Glocken am Ende der Tentakel. Wenn die Riffgleiter angreifen, wehren sie die Söldnerseespinnen ab. Im Gegenzug versorgt das Phantom sie mit Nahrung und Unterschlupf. Eine solche Partnerschaft kommt in der Natur häufig vor; man nennt sie **Symbiose.**

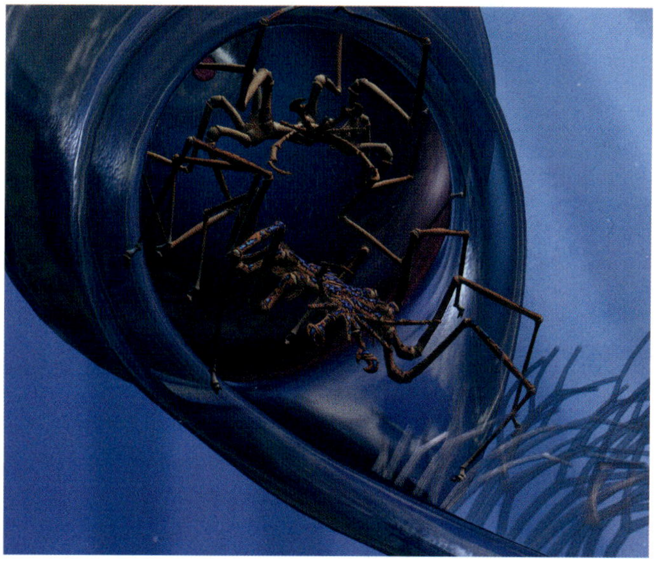

△ Die Söldnerseespinne hat acht Beine, scharfe Zähne und lange Krallen. Die einzelnen Tiere sind zwar klein, gemeinsam können sie aber einen Riffgleiter vertreiben.

Wieder geboren

Manchmal fegt ein gewaltiger Sturm über die Seichten Meere. Die hohen Brecher zerschmettern das Phantom der Meere in viele kleine Teile. Doch damit ist es noch lange nicht zerstört. Jedes Einzeltier kann für sich überleben, neue Koloniemitglieder zeugen und einen neuen, riesigen Meeresräuber bilden.

Die Bengalischen Sümpfe

Die Bengalischen Sümpfe erstrecken sich über mehrere tausend Kilometer. Das ganze Jahr über ist es feucht-warm. Weil die Sümpfe ins Meer münden, mischen sich hier Süß- und Salzwasser. Auf der Landseite werden sie von einem Gebirgszug gesäumt. Bei Regen schwemmen Erde und Schlamm aus den Bergen ins Wasser und färben es schmutzig trüb. Der Schlamm auf dem Grund enthält viele **Mineralien** und liefert den Pflanzen **Nährstoffe.**

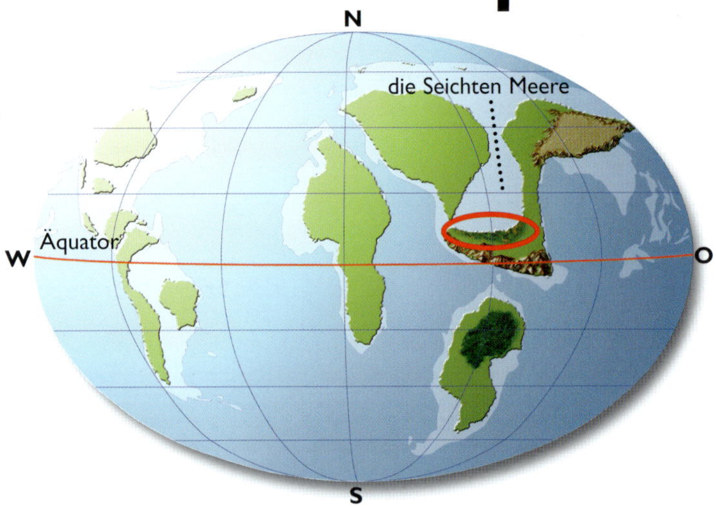

△ Die Bengalischen Sümpfe liegen am Rand der Seichten Meere. Aus dem Meer fließt Salzwasser in den Sumpf.

▽ Überall im Sumpf gibt es Bäume. Die Wurzeln sind fest im dicken Schlammbett verankert. Wasserpflanzen und schleimige **Algen** überziehen die Wasseroberfläche.

Der Lauerfisch

Im trüben Wasser finden auch große **Raubfische** Deckung. Der Lauerfisch wird bis zu vier Meter lang – so lang wie ein Minivan! Mit seiner rauen bräunlichen Haut und den blattähnlichen Flossen sieht er aus wie ein Stück Holz. Diese **Tarnung** schützt ihn vor Feinden und hilft ihm bei der Jagd.

Der Lauerfisch liegt manchmal tagelang im Flachwasser und wartet auf **Beute.** Im trüben Wasser ist er kaum zu erkennen. Doch er nimmt die kleinsten Bewegungen wahr und kann so andere Tiere orten. Kommt ein Beutetier, z. B. ein kleiner Fisch, in erreichbare Nähe, greift der Lauerfisch an. Mit einem Schlag seines kräftigen Schwanzes schießt er auf das Beutetier zu und schnappt es sich. Wenn sich größere Tiere wehren, wendet der Lauerfisch einen Trick an. Mit speziellen Muskeln rechts und links am Körper teilt er Stromschläge aus. Das Beutetier wird betäubt und der Lauerfisch kann das reglose Tier verspeisen.

▽ Der Lauerfisch nimmt die Bewegungen eines Beutetiers mit den spitzen Borsten am Mund und auf dem Kopf wahr. Man bezeichnet sie auch als Barben.

Leben an Land

Der üppige Pflanzenwuchs der Bengalischen Sümpfe versorgt **Pflanzenfresser** mit reichlich Nahrung. Der größte ist die Dinoschildkröte. Das gigantische Reptil ist schwerer als alle Dinosaurier. Eine ausgewachsene Dinoschildkröte hat keine Feinde mehr. Sie kaut den ganzen Tag lang ihre Pflanzenkost, und zwar bis zu 600 kg Blätter pro Tag. Wie andere Reptilien auch legen Dinoschildkröten Eier. Die Schale ist so dick, dass das Muttertier sie aufbeißen muss, damit das Junge schlüpfen kann. Fünf Jahre lang kümmert sich die Mutter um ihre Jungen. Dann haben sie die Größe eines jungen Elefanten erreicht.

EIN RIESENREPTIL

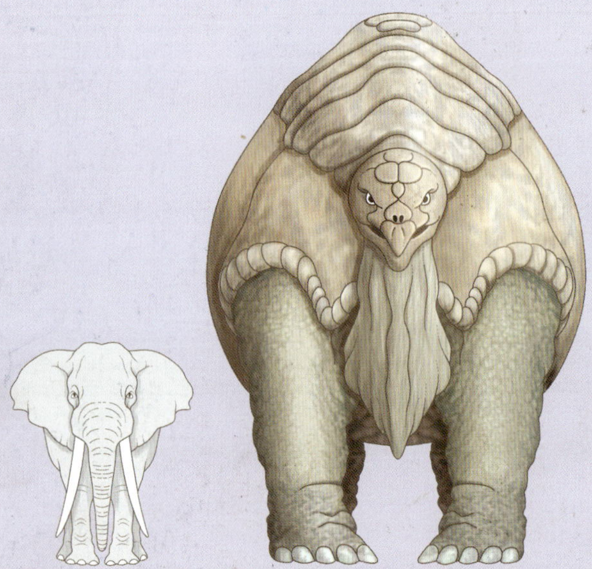

Mit sieben Metern Höhe und 120 Tonnen Gewicht ist die Dinoschildkröte das größte Tier, das je die Erde bewohnte. Es ist schwerer als jeder Dinosaurier und viel größer als ein Elefant. Dinoschildkröten werden bis zu 120 Jahre alt.

▷ Eine Dinoschildkröten-Familie zieht durch die Bengalischen Sümpfe. Die flachen, großen Füße verteilen das Gewicht und verhindern, dass die Tiere einsinken.

DER GANG DER EVOLUTION

Die Dinoschildkröte hat sich aus den Schildkröten entwickelt, die es zu Zeiten der Menschen gab. Wie ihr Vorfahre bewegt sie sich sehr langsam und rupft mit dem schnabelartigen Maul Pflanzen ab. Allerdings hat sie keine Feinde und braucht daher keinen Panzer. Reste des alten Schildkrötenpanzers halten den massigen Körper zusammen.

◁ Die Riesenschildkröte war die größte Schildkröte. Dennoch war sie mit einem Meter Länge viel kleiner als die Dinoschildkröte.

Der Sumpfoktopus

Der Sumpfoktopus ist hervorragend an seinen Lebensraum **angepasst,** der ja aus Wasser und Land besteht. Wie sein Vorfahre, der achtarmige Krake, atmet er unter Wasser. Doch der Sumpfoktopus kann bis zu vier Tage an Land verbringen, indem er seinen Sauerstoffvorrat im Blut verbraucht.

Der Sumpfoktopus hat vier lange Arme, mit denen er Beute fängt. Die übrigen vier Arme haben sich zu dicken, kräftigen Ballen zurückgebildet, mit denen er kriechen kann.

Seine Jungen bringt der Sumpfoktopus an Land zur Welt. Hier sind sie sicher vor dem Lauerfisch. Das Weibchen legt die Eier in eine der kleinen Lachen, die sich in den Lilienpflanzen bilden. Die Weibchen leben in Gruppen. Wenn eines zum Atemholen ins Wasser muss, passen die anderen auf die Jungen auf.

▽ Ein Sumpfoktopus-Weibchen legt seine Eier jedes Jahr in der gleichen Lilienlache ab. Es füttert die Jungen, bis sie groß genug sind für sich selbst zu sorgen.

DIE TARNUNG DES SUMPFOKTOPUS

Der Sumpfoktopus kann zur Tarnung seine Farbe wechseln. Die Haut besteht aus Millionen winziger **Zellen,** die unterschiedliche Farbstoffe enthalten. Indem der Sumpfoktopus diese Zellen öffnet oder schließt, bringt er die unterschiedlichsten Farbmuster hervor.

Dieses Weibchen warnt mit grellen Farben größere Tiere, zum Beispiel Dinoschildkröten, davor, ihrem Nest zu nahe zu kommen. Der Sumpfoktopus tarnt sich auch auf der Jagd, um unbemerkt an kleinere Tiere heranzukommen.

Der Antarktische Dschungel

Die Antarktis ist vom **Südpol** aus nach Norden gedriftet und liegt nun in Äquatornähe. Dadurch hat sich das **Klima** verändert. Einst waren in der klirrend kalten Antarktis Seevögel und Pinguine zu Hause. Nun ist es eine warme tropische Insel mit einem üppigen Regenwald, vergleichbar dem Amazonas-Regenwald zu Zeiten der Menschen.

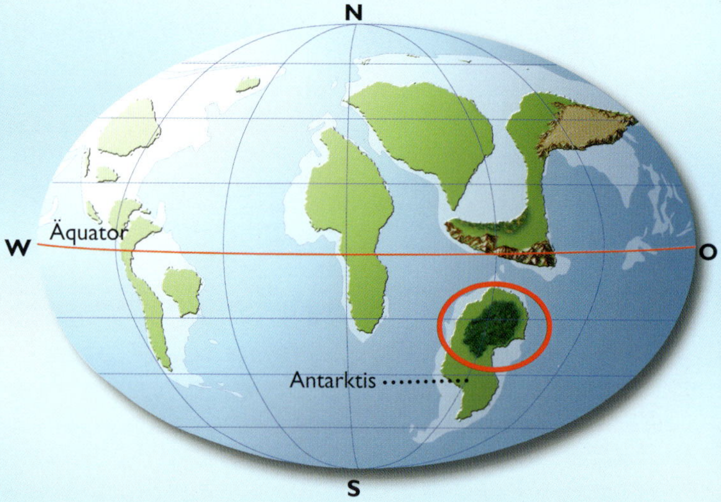

△ Der Antarktische Dschungel überzieht die gesamte Nordantarktis.

Die Vögel der Antarktis

Einst lebten Millionen von Seevögeln in der Antarktis. Als der **Kontinent** aus dem kalten, trockenen ins feucht-warme Klima driftete, überlebten das nur wenige Vogelarten. Das waren die anpassungsfähigen Zugvögel, die zwischen kalten und warmen Gebieten hin- und herflogen. Mit zunehmender Temperatur wuchs auch ihre Zahl. Sie passten sich nach und nach an den Wald an und entwickelten sich zu Flattervögeln.

Der Schabenspießer

Zu den Nachkommen der antarktischen Seevögel zählt auch der Schabenspießer, ein kleiner Vogel mit purpurfarbenem Körper und blau-grünen Flügeln. Der Schabenspießer ist ein geschickter Flieger. Die Augen stehen etwas aus dem Kopf hervor. Dadurch hat er ein weites Gesichtsfeld, das er im Dschungel gut brauchen kann.

▷ Der Schabenspießer ist ein Flattervogel. Er ist sehr schnell und entkommt so den **Raubtieren** des Waldes.

△ Auch der Feuerspucker ist ein Flattervogel. Er ist etwas größer als der Schabenspießer und hat leuchtend rote und orangefarbene Flecken auf den Flügeln. Hinter ihm sieht man ein riesenhaftes **Insekt** angreifen.

Der Feuerspucker

Wie in den Regenwäldern zu Zeiten der Menschen, so leben auch im Antarktischen Dschungel tausende von Tierarten. Die vielen Tiere, die um Raum und Nahrung kämpfen, müssen sich besonders gut gegen Fressfeinde wehren können.

Der Feuerspucker hat eine **chemische** Waffe. Er sammelt bestimmte Stoffe aus den Blüten und speichert sie in einem speziellen Kehlsack. Wenn er angegriffen wird, vermischt er Stoffe aus der Nase und der Kehle zu einer Säure und sprüht den Angreifer damit an. Der fällt, geblendet von der Säure, zu Boden und der Feuerspucker kann entkommen.

DER GANG DER EVOLUTION

Immer schon haben Tiere ganz besondere Verteidigungmechanismen entwickelt. Der Feuerspucker beschießt Angreifer mit einer Säure. Als es noch Menschen gab, sprühte der Bombardierkäfer eine kochend heiße Flüssigkeit gegen seine Feinde. Beim Sprühen entstand ein Knall.

△ Der Bombardierkäfer verfehlte sein Ziel nur selten. Er sprühte ganz gezielt.

△ Eine Wespe, so groß wie eine Krähe! Die Bussardwespe hat lange Flügel und Greifklauen und jagt Flattervögel. Mit ihren kräftigen Mundwerkzeugen kann sie das Fleisch aus der **Beute** reißen und zerkauen.

Dschungelinsekten

Der gefährlichste Jäger des Antarktischen Dschungels ist die Bussardwespe. Sie ist eines der größten **Insekten**, die je auf der Erde lebten, und sicher das Furcht erregendste. Die Bussardwespe jagt Flattervögel. Um einen so kräftigen und schnellen Vogel zu erlegen, ohne selbst verletzt zu werden, muss sie ihn schnell töten. Sobald sie einen Flattervogel zu Gesicht bekommt, greift sie an. Mit den Klauen des einen Beinpaars packt sie den Vogel und bildet mit einem zweiten Beinpaar eine Art Harpune. Damit spießt sie den Flattervogel auf, der sofort tot ist. Die beiden stürzen zu Boden. Dort frisst die Bussardwespe einen Teil ihrer Beute. Den Rest bringt sie ihren Larven, die sie überall im Wald in Erdhöhlen versteckt hat.

Der Blütenzauberkäfer

Die Insekten gehören zu den erfolgreichsten Jägern des Antarktischen Dschungels. Auch kleine Insekten wie der Blütenzauberkäfer können einen Vogel in eine Falle locken und töten: Vier Blütenzauberkäfer setzen sich auf einen Baumstamm und breiten ihre orangegelben Flügel aus, sodass sie aussehen wie eine Blüte. Dem können die Vögel nicht widerstehen. Sie setzen sich auf die Blüte, um daran zu nippen, und werden von den Käfern getötet. Die Nachahmung eines Gegenstands oder eines Tiers nennt man **Mimikry.**

DER GANG DER EVOLUTION

Mimikry kann verschiedenen Zwecken dienen. Manche Tiere „verkleiden“ sich als Blätter, um vor Feinden sicher zu sein. Manche ahmen Gegenstände nach, um anderen Tieren eine Falle zu stellen. Die Orchideenmantis, die zu Zeiten der Menschen lebte, hatte Farbe und Form einer Orchideenblüte. Auf diesen war sie nicht zu erkennen. Insekten, die zum Trinken kamen, wurden von ihr verspeist.

△ Sieh genau hin: Welches ist die Orchidee, welches die Mantis? Die Mantis hat Fühler auf dem Kopf!

▷ Wenn ein Vogel auf dieser Blüte landet, erlebt er eine böse Überraschung. Die „Blüte“ besteht aus vier Blütenzauberkäfern, die Vögeln eine Falle stellen.

Das Große Plateau

Zwischen den Gipfeln der weltweit höchsten Gebirgskette liegt das Große Plateau. Das Gebirge entstand, als zwei **Kontinentalplatten** aufeinander stießen. Der Stoß schob das Land zusammen und faltete es auf. Die neuen Berge aus Schnee und Eis sind immer in Bewegung. Das Geröll auf den Hängen rutscht schon beim kleinsten Windhauch ins Meer ab. Dadurch können an den Berghängen nur schwer Pflanzen wurzeln.

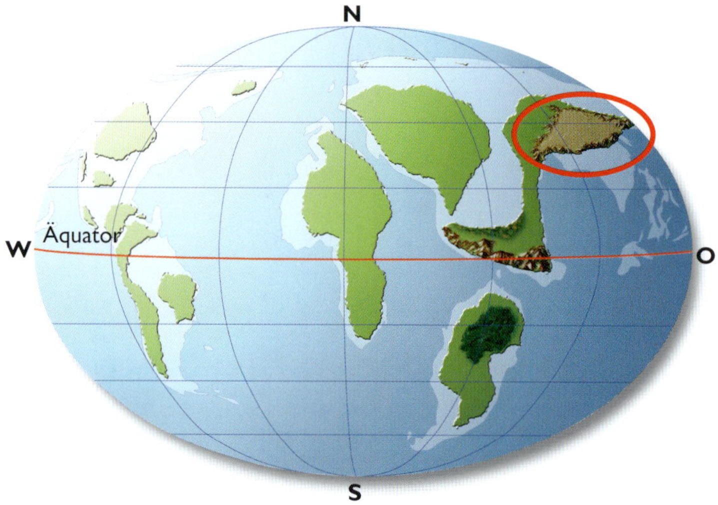

△ Die riesige Gebirgsregion des Großen **Plateaus** erhebt sich wie ein massiver Felsblock aus dem Meer.

▽ Das Große Plateau entstand, als sich die Täler zwischen den zerklüfteten Gipfeln mit Fels und Geröll füllten. Die 10 000 Meter hohen Berge sind höher als die höchsten Gebirge, die es zur Zeit der Menschen gab.

Der Große Blaue Windstürmer

In dieser Höhe sind die Lebensbedingungen für die Tiere sehr hart. Die dünne Luft enthält wenig **Sauerstoff.** Die Sonne scheint gleißend hell und schädigt leicht die Augen der Tiere, die hier leben.

Ein Tier hat sich besonders gut an diese Bedingungen angepasst: der Große Blaue Windstürmer. Die metallisch blauen Federn dieses großen Vogels reflektieren das schädliche Sonnenlicht. Damit er in der Sonne nicht erblindet, hat der Vogel einen Schutz für die Augen: Er schiebt eine durchsichtige dunklere Hautschicht wie eine Sonnenbrille über die Augen.

▽ Der Große Blaue Windstürmer legt, wenn er auf den schneebedeckten Gipfeln nach Nahrung sucht, weite Strecken zurück. Mit den langen, schmalen Flügeln kann er im Gebirge hervorragend segeln und gleiten.

EIN VOGEL MIT VIER FLÜGELN

Lange, schmale Flügel eignen sich für Langstreckenflüge am besten. Aber wenn der Große Blaue Windstürmer ein Beutetier entdeckt, muss er den Flug verlangsamen. Für den langsameren Flug braucht er aber breitere Flügel. Also benutzt er seine mit Federn bedeckten Beine als zusätzliches Flügelpaar und macht zum Abbremsen eine Art Spagat. Diese Bein-Flügel sind ideal für Wendungen und Sturzflüge.

▽ Der Windstürmer bringt seinen Jungen eine Riesenspinne zu fressen. Das Nest befindet sich hoch oben über dem Großen Plateau auf einem Gipfel.

Die Silberspinne

Über den Tälern und Schluchten des Großen Plateaus wiegen sich riesige Seidennetze im Wind. Die gewaltigen Netze gehören der Silberspinne, die in **Kolonien** die Felsen bewohnt. In dieser hoch entwickelten Gesellschaft übernimmt jede Spinne eine besondere Aufgabe: Die jüngsten bauen gewaltige Netze. Darin fangen sie ganze Wolken aus Grassamen auf, die der Wind durch das Tal weht. Andere Spinnen wuseln über das Netz, sammeln die Samen ein oder bedienen die Königin. Silberspinnen gibt es in allen möglichen Formen und Größen. Die jüngsten sind nur ein paar Millimeter groß. Die Königin erreicht die Größe eines Fußballs.

△ Der metallisch silberne Körper der Silberspinne reflektiert das schädliche Sonnenlicht. Die dunklen Streifen lassen die Spinne aussehen wie einen Grassamen, der durchs Tal treibt. Mit dieser **Tarnung** hält sich die Spinne Feinde vom Leib.

▽ Silberspinnen krabbeln geschäftig übers Netz. Die Riesennetze sind mit bis zu 30 Metern Länge die größten, die je gebaut wurden.

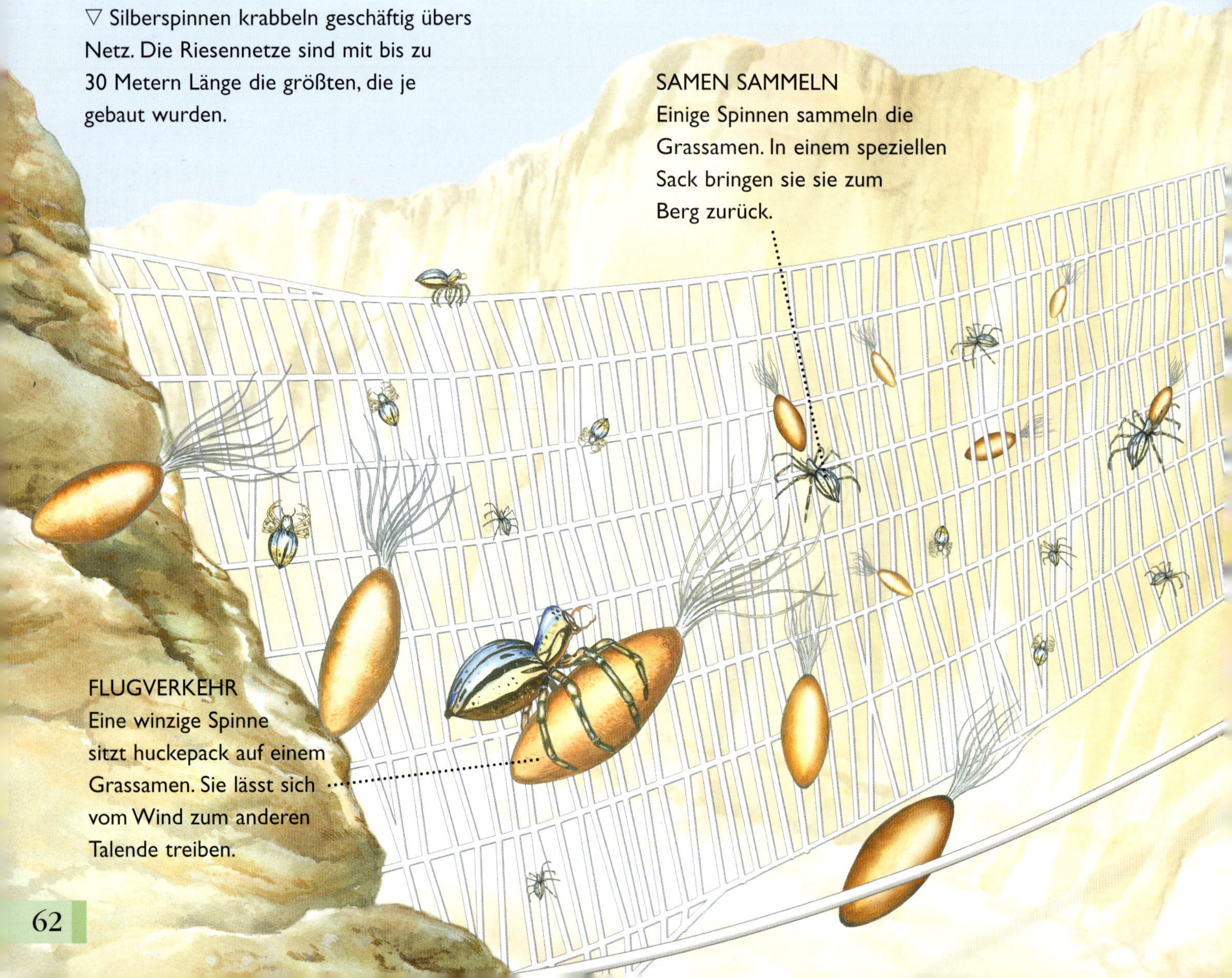

Nahrungssuche

Wie alle Spinnen sind Silberspinnen Fleischfresser. Warum also sammeln sie in ihrem Netz so viele Grassamen? Des Rätsels Lösung: Die Spinnen fressen die Samen nicht selbst, sondern sammeln sie für andere Tiere. In den dunklen Höhlen und Spalten der Berge schnüffeln kleine, haarige Tiere umher und stopfen sich die Grassamen in ihre dicken Backentaschen. Diese niedlichen Bergschweinchen mästen die Silberspinnen als Nahrung für ihre Königin!

FALLSCHIRM
Der winzigen Silberspinne dient der Grassamen als Fallschirm. Manch eine junge Spinne überlebt einen solchen Flug aber nicht.

SPINNEN-BRÜCKE
Die Spinne spannt auf ihrem Flug über das Tal einen langen Seidenfaden. Dieser Faden dient den anderen Spinnen, die weitere Stränge weben, als Brücke.

FLIEGENDE SAMEN
Ganze Samenwolken aus den Vorbergen des Großen Plateaus treiben durch die Täler und verfangen sich in den riesenhaften Netzen.

△ Ein Bergschweinchen futtert Grassamen, die die Spinnen gesammelt haben. Die Bergschweinchen werden zwar der Königin geopfert, doch verbindet sie eine enge Partnerschaft mit den Spinnen, die sie ja ernähren.

In 200 Millionen Jahren

In 200 Millionen Jahren sind alle **Kontinente** der Erde aufeinander zu gedriftet und schließlich zusammengestoßen. Sie bilden nun einen riesigen Kontinent: Pangäa II. Diesen Kontinent umspült ein einziges gewaltiges Meer: der Globale Ozean. In den dichten Wäldern, den dürren Wüsten und den tiefen Gewässern leben alle möglichen seltsamen Wesen. Es ist eine Welt unvorstellbarer Gegensätze.

▽ Diese Karte zeigt, wie die Erde in 200 Millionen Jahren aussehen könnte.

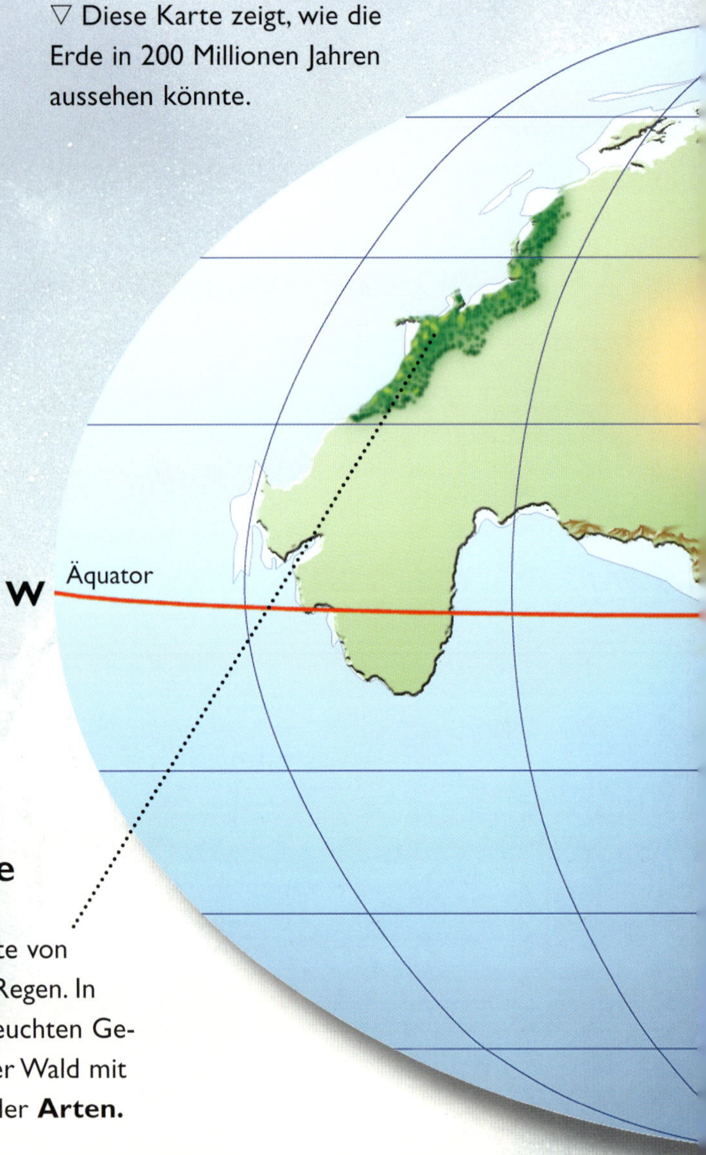

Der Nördliche Regenwald

An der Nordwestküste von Pangäa II fällt ständig Regen. In diesem fruchtbaren, feuchten Gebiet wächst ein dichter Wald mit einer großen Vielfalt der **Arten.**

Die Erde zur Zeit der Menschen

Als es noch Menschen gab, verteilten sich sieben Kontinente über den Erdball. Rund um diese Kontinente lagen vier Ozeane und viele kleinere Meere. Einige Kontinente waren vollständig von Wasser umschlossen. Zweihundert Millionen Jahre später besteht die Erde aus einem riesigen Kontinent und einem einzigen gewaltigen Ozean.

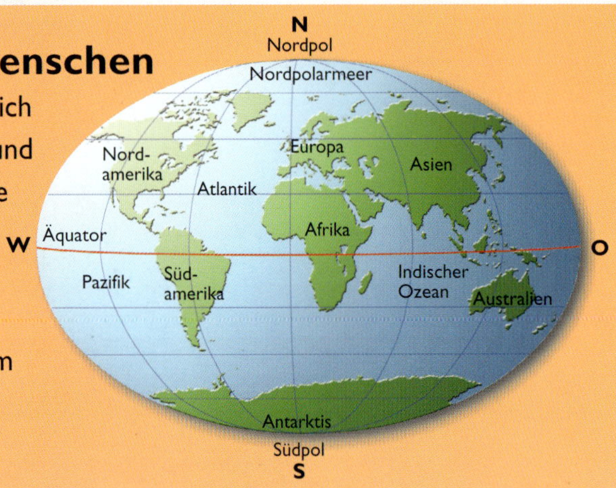

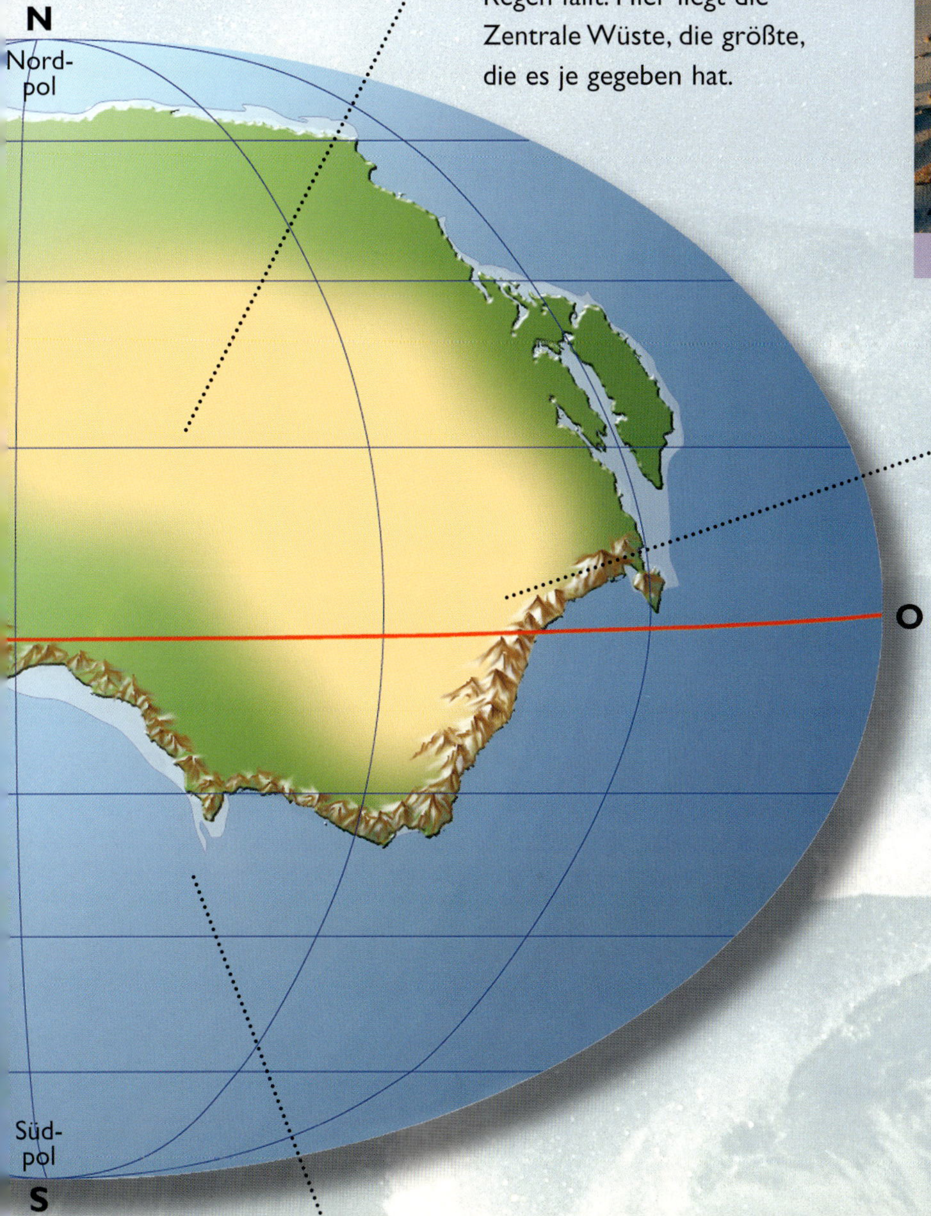

Die Zentrale Wüste

Pangäa II ist so groß, dass in der Mitte des Kontinents kein Regen fällt. Hier liegt die Zentrale Wüste, die größte, die es je gegeben hat.

Die Regenschattenwüste

An der Südküste von Pangäa II schottet eine hohe Gebirgskette das Land dahinter vor den Stürmen ab, die ständig vom Meer heranfegen. Hinter den sturmumtosten Bergen liegt die Regenschattenwüste.

Der Globale Ozean

Der Globale Ozean bildet eine riesige, zusammenhängende Wasserfläche. Die **Meeresströmungen** überwinden große Entfernungen und nehmen auch Meeresbewohner mit auf die Reise.

Die Zentrale Wüste

Man stelle sich eine Wüste vor, fünfmal so groß wie die gesamten Vereinigten Staaten von Amerika! Das ist die riesige, öde Zentrale Wüste, die größte Wüste aller Zeiten. Hier gibt es weder Wolken noch Regen. Den ganzen Tag brennt die Sonne herab und es wird mit über 50 °C sengend heiß. Nachts sinkt die Temperatur bis auf klirrende –30 °C ab. Am Boden ist die Wüste knochentrocken, doch tief unter der Erde liegt ein Höhlensystem mit Wasser. Nur deshalb können hier Tiere leben.

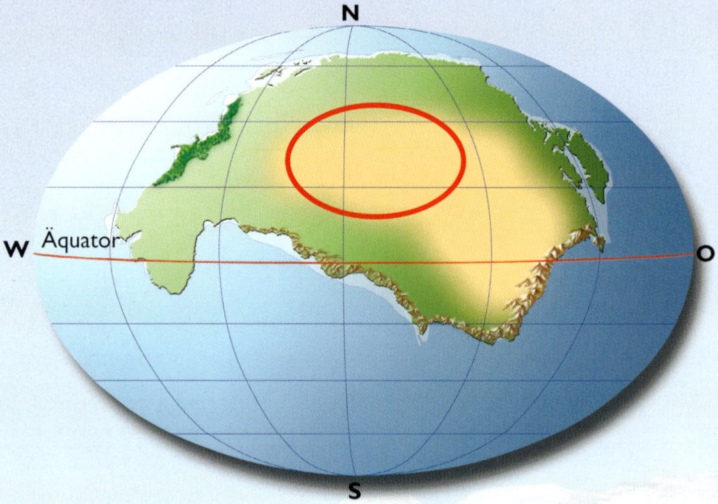

△ Die Zentrale Wüste liegt in der Mitte von Pangäa II. Sie ist zweimal so groß wie die Sahara, die zu Zeiten der Menschen Nordafrika überzog.

▷ Die Gigamiten leben in großen Sandhügeln, die über die ganze Wüste verstreut sind. Bis auf die Transporter-Gigamiten haben die Tiere keine Beine. Die Soldaten lassen sich wie alle anderen von diesen tragen.

DER GANG DER EVOLUTION

Gigamiten sind **Insekten.** Im Lauf der Erdgeschichte haben sich die Insekten immer als Überlebenskünstler erwiesen. Auch die Gigamiten sind perfekt an das extreme **Klima** angepasst. Dank ihrer geringen Größe können sie in den kleinsten Ecken und Winkeln leben. Den weichen Körper umgibt ein harter Panzer, der die Tiere vor dem Austrocknen bewahrt. Dadurch können die Gigamiten in der größten Trockenheit überleben.

▷ Zu Zeiten der Menschen gab es Termiten, die in großen **Staaten** lebten. Auch sie lebten in extremen Lebensräumen.

Gigamiten

Ganze Armeen von Gigamiten marschieren über den heißen Wüstensand. Ihre Vorfahren waren die Termiten, die zu Zeiten der Menschen überall auf der Erde vorkamen. Gigamiten leben in großen Staaten. Jedes Mitglied eines Staats dient einer Königin. Ohne sie hätte der Gigamitenstaat keine Zukunft. Sie allein sorgt für die Fortpflanzung, indem sie unablässig Eier legt.

Wüstenstädte

Die Hügel der Gigamiten erheben sich hoch über den Wüstenboden. Darin befinden sich die geschäftigen Städte der winzigen Insekten. Jeder Hügel ist ein Meisterwerk der Baukunst und verfügt sogar über eine Klimaanlage, die kühle Luft zirkulieren lässt. Unter dem zerklüfteten Hügel verläuft ein Labyrinth aus Gängen und Kammern, in denen sich die Gigamiten fortpflanzen, nach Wasser graben und Vorräte speichern.

Arbeitsteilung

Der Gigamitenstaat besteht aus einzelnen Gruppen, die man als **Kasten** bezeichnet. Jede der sieben Kasten übernimmt eine bestimmte Aufgabe. Die Baumeister-Gigamiten errichten aus Sandkörnern die Außenwand des Hügelnests. Die Soldaten bewachen den Hügel vor Feinden, die sie bei Gefahr mit einer tödlichen Säure beschießen. Die Transporter-Gigamiten tragen die Baumeister und Soldaten umher. Felsbohrer graben tiefe Tunnel in die Erde und Wasserbeutel-Gigamiten versorgen alle mit Wasser. Pfleger sammeln Nahrung für die Königin, die dem Staat vorsteht.

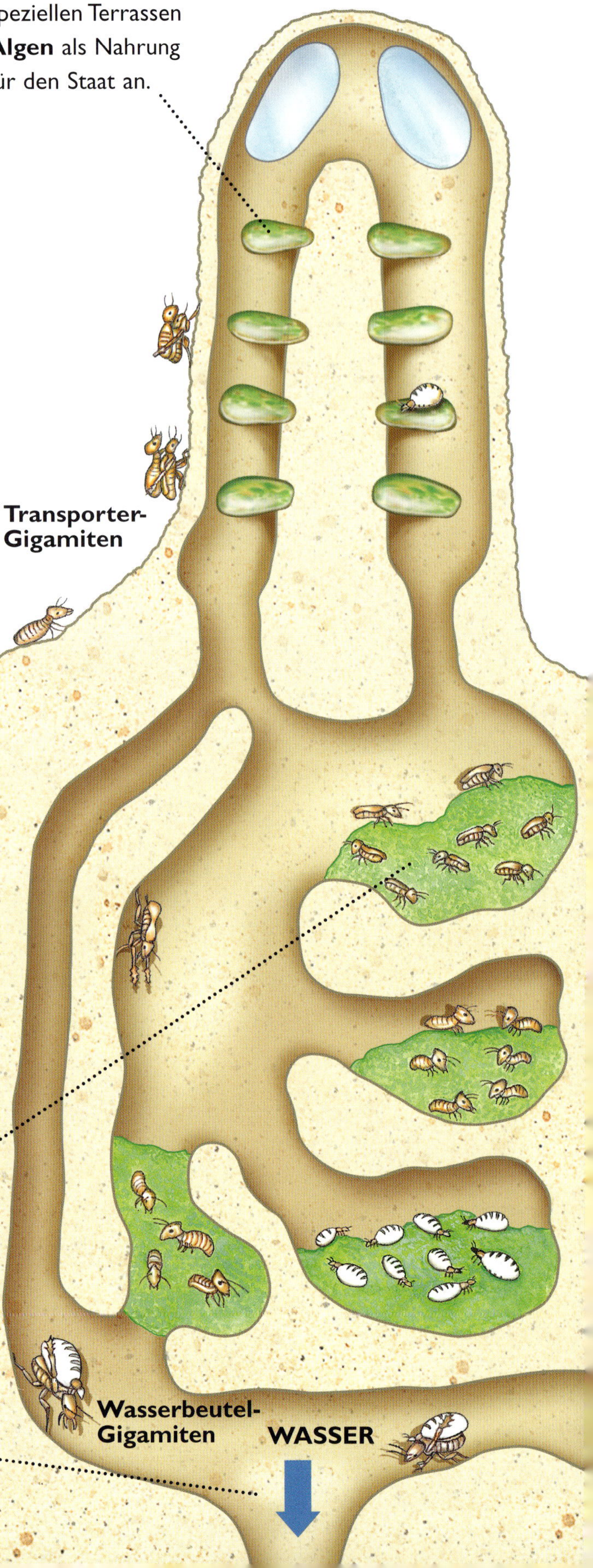

▷ Der Hügel ist von Gängen und Kammern durchzogen. Ihre Nahrung bauen die Gigamiten im oberen Teil des Hügels an. Der Wohnbereich liegt tief unten im Fels.

Algenanbau

Die Gigamiten bauen Algen an. Draußen in der Wüste würden die Algen nicht wachsen. Doch im Gigamitenhügel sind die Bedingungen für den Anbau perfekt. Der Hügel ist wie ein Treibhaus. Durch spezielle Fenster scheint Sonnenlicht herein. Im Licht und mit dem Wasser, das ständig heraufgeschafft wird, gedeihen die Algen gut.

△ Ein Transporter lässt einen Wasserbeutel-Gigamit ab. Dank des Wassers gedeihen die Algen sehr gut.

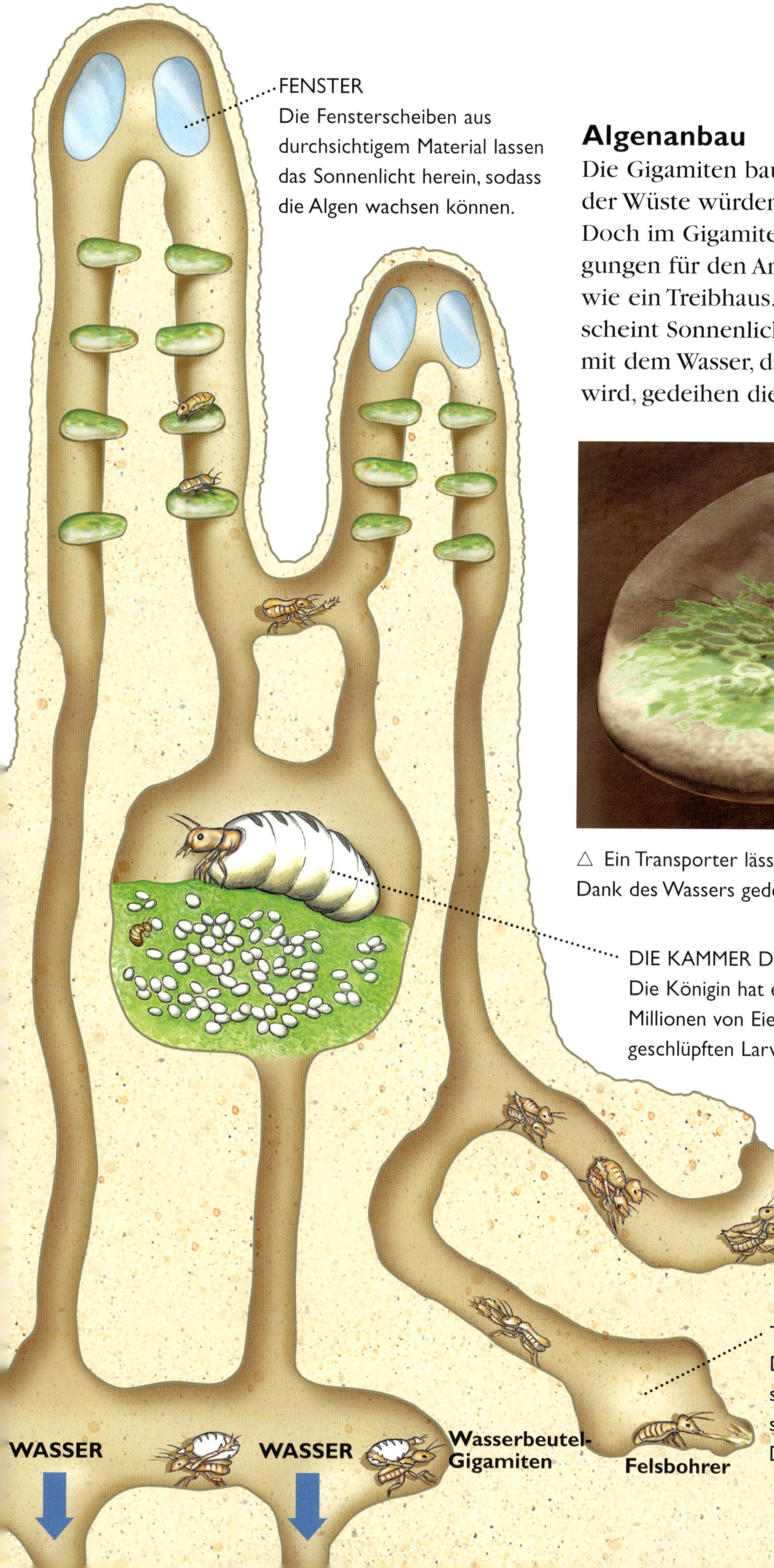

Unter der Erde

Die Gigamiten sind nicht die einzigen Tiere, die unter der Zentralen Wüste leben. Tief im Erdreich, in dem mit Wasser gefüllten Höhlenlabyrinth, gibt es noch andere seltsame Wesen. Der Gartenwurm, der Dunkelwurm und das Schlingband sehen zwar unterschiedlich aus, stammen aber alle von den Vielborstern ab. Zu Zeiten der Menschen lebten die Vielborster im Meer. Im Lauf von Jahrmillionen haben sich drei **Arten** entwickelt, die nun die Höhlen unter der Wüste bewohnen.

Der Gärtnerwurm

Am Tag steigt der Gärtnerwurm hinauf in die Wüste. Sein Körper ist in viele Segmente (Abschnitte) unterteilt. Oben fährt der Wurm aus jedem Segment zwei grüne, farnähnliche Verästelungen aus, die **Algen** enthalten. Wie alle Pflanzen brauchen die Algen Sonnenlicht, um Nährstoffe herzustellen. Von diesen Nährstoffen wiederum lebt der Wurm. Aus diesem Grund nimmt er jeden Tag ein kleines Sonnenbad in der Wüste.

▽ Der Gärtnerwurm genießt die Wüstensonne. Es ist schwer, zu entscheiden, ob das Wesen ein Tier oder eine Pflanze ist – im Grunde wohl beides.

FOTOSYNTHESE

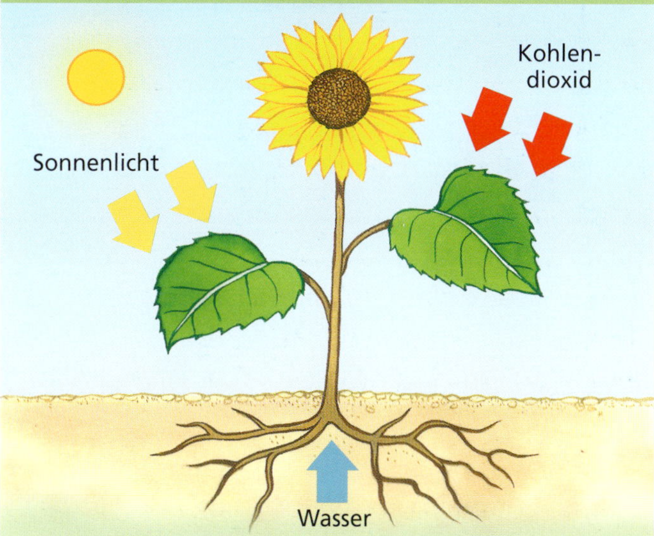

Algen und andere Pflanzen stellen mit Sonnenlicht, Wasser und Kohlendioxid Nährstoffe her. Die Blätter nehmen das Kohlendioxid auf, die Wurzeln das Wasser, grüne Zellen das Sonnenlicht. Mit Hilfe der Sonnenenergie werden Kohlendioxid und Wasser zu Nährstoffen umgebaut. Diesen Vorgang bezeichnet man als Fotosynthese.

Schlingband

Anders als der Gärtnerwurm kommt das Schlingband nie ans Sonnenlicht. Der riesenhafte Räuber lebt vielmehr tief in den wassergefüllten Höhlen. Der rund einen Meter lange Körper des Wurms ist in Segmente unterteilt. An jedem befindet sich ein Paar behaarter Paddel. Mit Hilfe dieser Paddel schießt das Schlingband blitzschnell durchs Wasser.

Das Schlingband lauert im Wasser anderen Tieren auf. Am liebsten frisst es den Dunkelwurm, einen kleineren Wurm, der die Höhlenwände entlangkriecht. Ab und zu packt es sich auch einen der größeren Gärtnerwürmer, die nachts in den Höhlen schlafen.

▽ Das riesenhafte Schlingband ist ein leiser Jäger. Er ist so schnell, dass ein Dunkelwurm ihm nicht entkommen kann.

Der Globale Ozean

Der warme Globale Ozean überzieht fast drei Viertel des gesamten Planeten. Von der Mitte aus sind es 16 000 Kilometer bis zur nächsten Küste. Wollte jemand diese Strecke schwimmend zurücklegen, wäre er ein Jahr lang unterwegs! Starke Winde bringen **Meeresströmungen** in Gang, die viele Meeresbewohner weite Strecken mit sich nehmen. Daher finden sich überall im Ozean dieselben Tierarten.

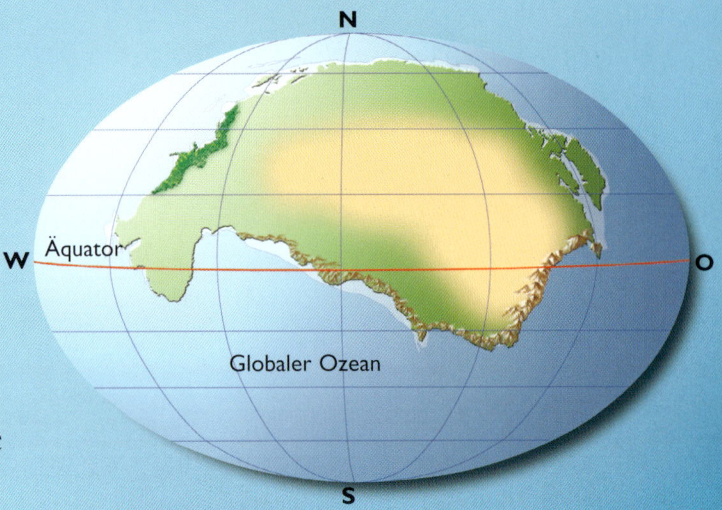

△ Der Globale Ozean umschließt den riesigen Kontinent Pangäa II.

Die Silberlinge

In der großen Eiszeit starben unzählige Meeresbewohner aus. Überlebt haben viele Gliederfüßer, zu denen die Spinnen und Krebse gehören. Ihr Geheimnis liegt darin, dass ihre Larven vieles fressen und in allen möglichen Lebensräumen leben können. Wenn sich die Lebensbedingungen veränderten, passten sie sich an. Im Lauf der Jahrmillionen entwickelten sich so die Silberlinge.

Im Globalen Ozean gibt es mindestens 9000 **Arten** von Silberlingen. Wie die Gliederfüßer zu Zeiten der Menschen haben sie segmentierte Beine. Den Schwanz können sie zum Schwimmen auf und ab schlagen. Ein hartes Außenskelett schützt den Körper. Silberlinge filtern ihre Nahrung aus dem Wasser: winzige Tiere und Pflanzen, die man als **Plankton** bezeichnet. Im Sommer legen sie tausende von Eiern ab. Vier Tage lang schweben die Eier durchs Wasser, dann schlüpfen die Larven.

▽ Diese Silberlinge sind ungefähr 15 Zentimeter lang, etwa so groß wie Sardinen. Sie streifen in großen Schwärmen durchs Meer.

Der Ozeanflisch

Zu Zeiten der Menschen lebten tausende verschiedener Fischarten in den Ozeanen. Zweihundert Millionen Jahre später sind nur noch wenige übrig und diese wenigen sehen kaum noch aus wie Fische: Es sind die gefährlichen, fliegenden Ozeanflische. Anders als ihre Vorfahren können die Flische an der Luft atmen. Ihre Haut ist dick und die Flossen haben sich zu kräftigen Flügeln umgebildet. Damit fliegen sie über das Meer und jagen von oben Silberlinge, die knapp unter der Wasseroberfläche schwimmen. Ozeanflische leben in Gruppen und legen ihre Eier an Land ab.

DER GANG DER EVOLUTION

Zu Zeiten der Menschen gab es Fliegende Fische, die vor Feinden unter Wasser in die Luft flohen. Mit dem kräftigen Schwanz stießen sie sich aus dem Wasser und mit ihren breiten Flossen segelten sie eine kurze Strecke durch die Luft. Die Flossen des Ozeanflisches haben sich noch weiter zu richtigen Flügeln entwickelt, mit denen der Flisch fliegen kann.

△ Fliegende Fische konnten zwar nicht fliegen, sondern nur gleiten. Manche segelten aber so weit wie ein Fußballfeld!

Warum lernte der Flisch das Fliegen?

In 200 Millionen Jahren werden die Vögel ausgestorben sein. Dadurch ist der Himmel als Lebensraum für andere Tiere frei. Der Ozeanflisch hat diesen Raum, die **ökologische Nische,** besetzt, indem er das Fliegen „gelernt" hat. Auf der Suche nach Nahrung legt er mit hoher Geschwindigkeit weite Strecken zurück. Auch vor den gefährlichen Räubern des Meeres flieht er in die Luft.

Im Lauf der Erdgeschichte hat es häufig solche Entwicklungen gegeben. Zahllose Tierarten haben sich an neue Lebensräume angepasst. Hundertfünfzig Millionen Jahre vor dem Menschen wuchsen einigen Dinosaurierarten Federn. Die Knochen wurden immer leichter, bis die Vögel entstanden. Viele Millionen Jahre lang beherrschte diese Tierklasse den Himmel.

△ Der Urvogel Archäopteryx war ein dinosaurierartiges Tier mit Vogelfedern. Er lebte rund 150 Millionen Jahre vor unserer Zeit. Der Archäopteryx gilt als Urahn der Vögel.

▽ Ein Ozeanflisch stürzt sich ins Wasser, um einen Silberling zu schnappen. Das schmale Gebiss mit den scharfen Fangzähnen schiebt sich aus dem Mund des Flischs heraus und schnappt die **Beute** zielgenau.

△ Rudelhaie kreisen einen Regenbogenkalmar ein. Wenn sie ihre **Beute** getötet haben, fressen sie so viel wie möglich. Danach brauchen sie bis zu drei Monate lang keine Mahlzeit.

Rudelhaie auf der Jagd

Seit Jahrmillionen gelten die Haie als die Herrscher der Meere. Im Globalen Ozean ist das nicht anders. Hier sind die Rudelhaie die erfolgreichsten und gefährlichsten Jäger. Wie die Haie zu Zeiten der Menschen haben sie einen stromlinienförmigen Körper. Neu sind jedoch die Leuchtstreifen rechts und links am Rumpf.

Die Haie, die es zu Zeiten der Menschen gab, jagten allein. Nun jedoch verteilen sich die Beutetiere über den riesigen Globalen Ozean und sind daher schwer zu finden. Deshalb jagen die Haie in Rudeln. Mit den Leuchtstreifen teilen sie einander mit, wenn sie ein Beutetier ausgemacht haben, und kreisen es dann ein. Dadurch können sie Tiere töten, die viel größer sind als sie selbst.

DER GANG DER EVOLUTION

Zu Zeiten der Menschen hatten der Tiefseeanglerfisch, der Zwerghai und einige andere Tiefseefische Leuchtorgane. Der Tiefseeanglerfisch stöberte mit dem hellen Licht auf dem Kopf Beute auf. Dem Zwerghai dagegen dienten die Lichter am Bauch als **Tarnung.** Die Rudelhaie nutzen ihre Leuchtstreifen zur Verständigung.

△ Die Lichtflecken machten den winzigen Zwerghai unsichtbar: Von unten war er gegen das Wasser nicht mehr zu erkennen.

Der Regenbogenkalmar

Der Regenbogenkalmar ist der Riese des Globalen Ozeans. Sein Körper ist 20 Meter lang, die Arme noch einmal 20 Meter. Das entspricht der Länge von acht Elefanten oder zwei Riesenkalmaren aus der Zeit der Menschen. Wie alle großen Kalmare hat der Regenbogenkalmar fußballgroße Augen, mit denen er in den Tiefen des dunklen Ozeans sehen kann. Mitten zwischen den acht langen, dicken Armen liegt der kräftige Schnabel. Der Regenbogenkalmar ist ein Fleischfresser, der sich mit geschickter **Tarnung** seiner **Beute** nähert. Er passt sich farblich an das dunkelblaue Wasser an und kann sogar ein wellenförmiges Muster auf der Haut erzeugen. Ist er nahe genug an seine Beute herangekommen, packt er sie mit zwei kräftigen Tentakeln.

△ Ein Regenbogenkalmar lässt sich in die Tiefsee absinken. Die Haut ist im sonnendurchfluteten Wasser noch hell. Auf den acht Armen und zwei Tentakeln sitzen hunderte von Saugnäpfen für den Beutefang.

DER GANG DER EVOLUTION

Der Regenbogenkalmar kann zur **Tarnung** nach Belieben seine Farbe wechseln. Auch zu Zeiten der Menschen hatten die Kalmare diese Fähigkeit. Tausende winziger **Zellen** in der Haut enthielten verschiedene Farbstoffe (Pigmente). Indem der Kalmar diese Zellen öffnete oder schloss, konnte er fantastische Muster erzeugen. Der Regenbogenkalmar verfügt zusätzlich noch über Leuchteffekte.

◁ Ein Kalmar aus der Zeit der Menschen nutzt seine Farbkünste zur Verständigung.

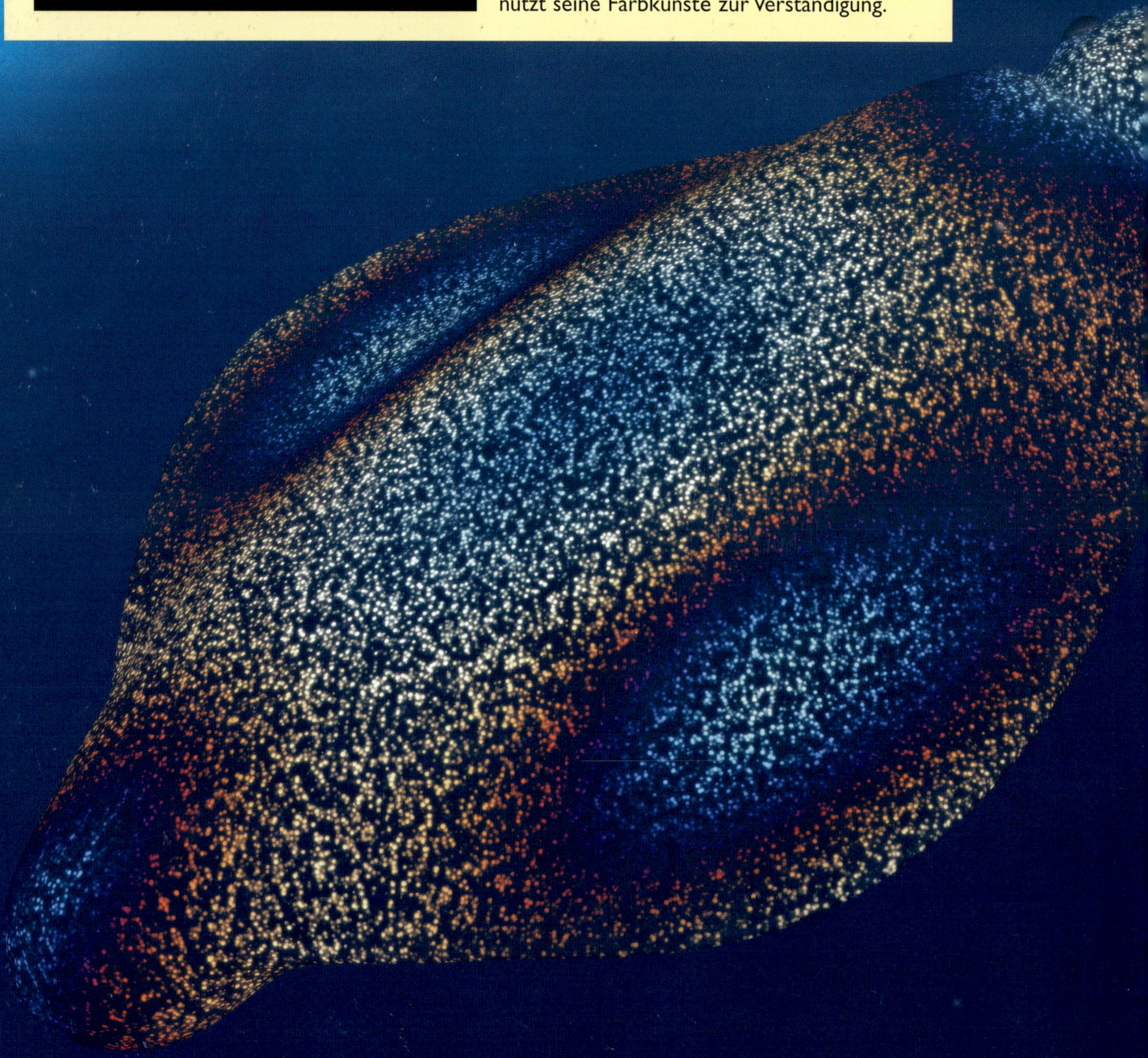

△ Einmal im Jahr treffen sich die Kalmare bei Vollmond zur Paarung. Sie erleuchten den Ozean mit wunderschönen Farbmustern. Dieses Männchen hier hat mit seinem leuchtend bunten Körper ein Weibchen herbeigelockt.

Die Regenschattenwüste

Die Regenschattenwüste ist eine schier endlose, staubige Gegend, in der nur hier und da gelbes Gras und dürre Büsche wachsen. Das Leben der Tiere ist hart, denn es gibt kaum Wasser. Die Regenschattenwüste liegt hinter einer gewaltigen Gebirgskette. Schwere Stürme tragen häufig Pflanzen und Tiere über die Berge in die Wüste – Nahrung für die Lebewesen dort.

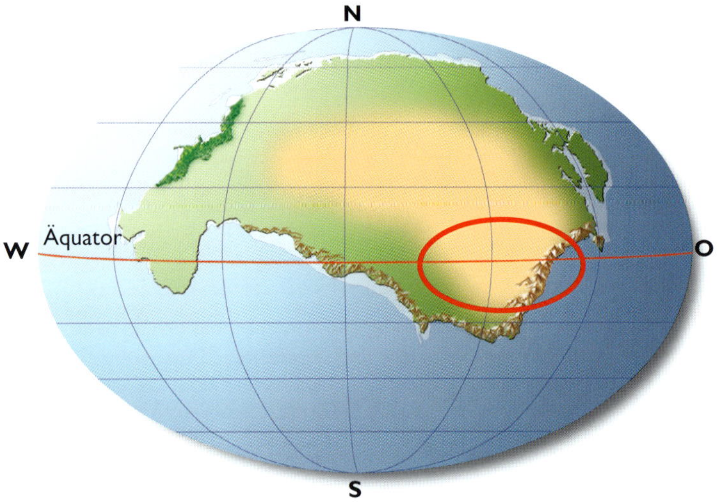

△ Die Regenschattenwüste liegt im Osten von Pangäa II, unweit der stürmischen Küste des Globalen Ozeans. In der Wüste ist es tagsüber heiß, nachts aber kalt.

WIE KOMMT DIE REGENSCHATTENWÜSTE ZU IHREM NAMEN?

Die Regenschattenwüste liegt hinter einer Gebirgskette. Die Berge bilden eine Barriere zwischen der Wüste auf der einen und dem Ozean auf der anderen Seite. Die Regenwolken ziehen vom Meer zu den Bergen und entleeren sich dort, bevor sie die Wüste erreichen können. Daher ist es in der Wüste ständig trocken. Auch zu Zeiten der Menschen gab es auf der Erde Regenschattenwüsten, zum Beispiel die Mojavewüste in Nordamerika.

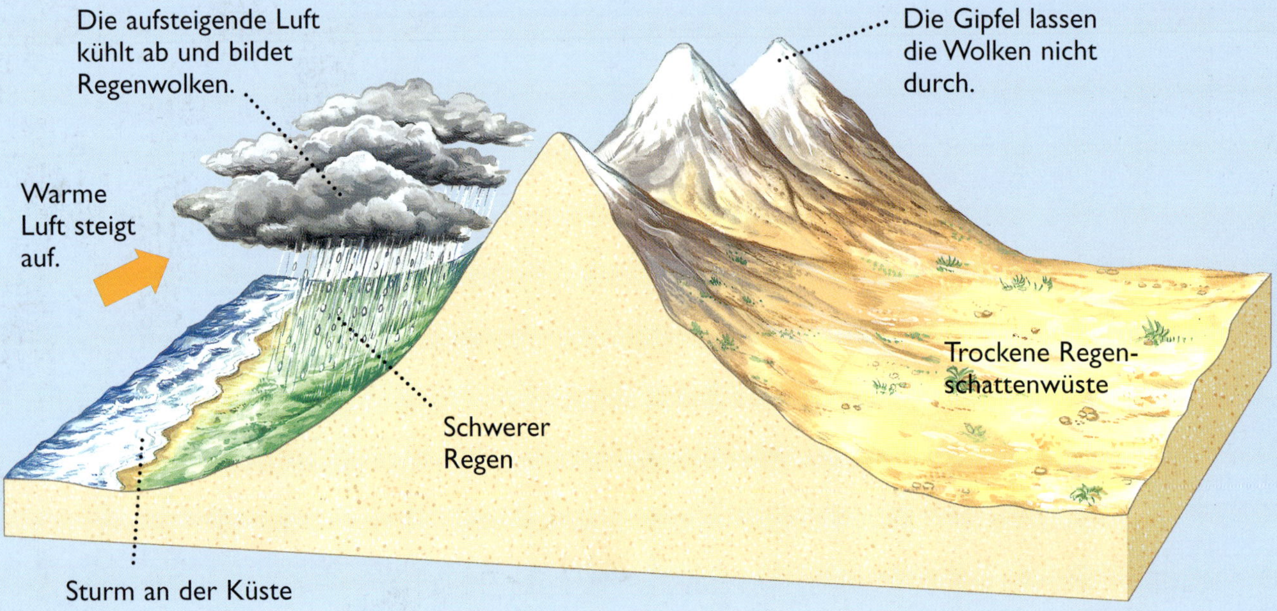

Der Wüstenspringer

In der Wüste hüpfen kaninchengroße Wesen von Busch zu Busch. Doch die Wüstenspringer sind keine Nagetiere, sondern Schnecken. Wie die Schnecken zu Zeiten der Menschen haben die Wüstenspringer eine harte Schale und einen kräftigen, muskelbepackten Fuß für die Fortbewegung. Doch statt zu kriechen, hüpfen sie etwa so schnell, wie ein Mensch geht. Anders als andere Landschnecken hinterlässt der Wüstenspringer keine Schleimspur. In diesem trockenen Lebensraum muss er möglichst viel Flüssigkeit im Körper halten, damit er nicht austrocknet.

▽ Wüstenspringer fressen Pflanzen. Sie haben eine kräftige Reibzunge, eine so genannte Radula, die aus vielen Zähnchen besteht. Damit können sie in wenigen Stunden einen ganzen Busch vertilgen.

DER GANG DER EVOLUTION

Der Wüstenspringer hat eine neue Fortbewegungsart entwickelt, die an seinen Lebensraum angepasst ist. Auf der Nahrungssuche muss er weite Strecken zurücklegen. Springend kommt er schneller voran. Ein weiterer Vorteil dieser Fortbewegungsart liegt darin, dass er auf diese Weise den heißen Wüstenboden nur kurz berührt.

△ Schon zu Zeiten der Menschen gab es Schnecken, die hüpfen konnten, allerdings unter Wasser, wie diese Kegelschnecke.

Hier kommt der Lauskäfer!

Ein lautes Summen erfüllt die Luft der Regenschattenwüste. Es ist ein Lauskäfer. Dieses große, fliegende **Insekt** kennt nur ein Ziel: Es sucht tote Ozeanflische, die der Wind vom Meer in die Wüste geblasen hat. Der Lauskäfer hat überaus empfindliche Fühler, die den geringsten Flischgeruch aus Kilometern Entfernung wahrnehmen. Das ist auch nötig, denn die Flische sind weit über die ganze Wüste verteilt. Der Lauskäfer besteht zur Hälfte aus Fett und legt mit dieser Energie bis zu 800 Kilometer pro Tag zurück – dafür braucht sogar ein Auto etwa acht Stunden.

▷ Dieser Lauskäfer hat einen toten Ozeanflisch gefunden. Statt ihn zu fressen, legt der Käfer winzige Larven darauf ab. Die Larven ernähren sich vom Flisch. Wenn sie ausgewachsen sind, fliegen sie weiter, suchen einen neuen Flisch und pflanzen sich ebenfalls fort.

Der Nördliche Regenwald

An der Nordwestküste von Pangäa II liegt ein feucht-warmes, sumpfiges Regenwaldgebiet. Auf dem fruchtbaren Boden wachsen riesige Bäume, größer als die Mammutbäume zu Zeiten der Menschen. Die Bäume stehen so dicht, dass kaum Sonnenlicht durch die Blätter zum Waldboden dringt. Hier regnet es fast ständig. Vom Ozean her ziehen dunkle Wolken heran und entleeren sich über dem Wald. Im feucht-warmen Klima gedeihen viele Tiere.

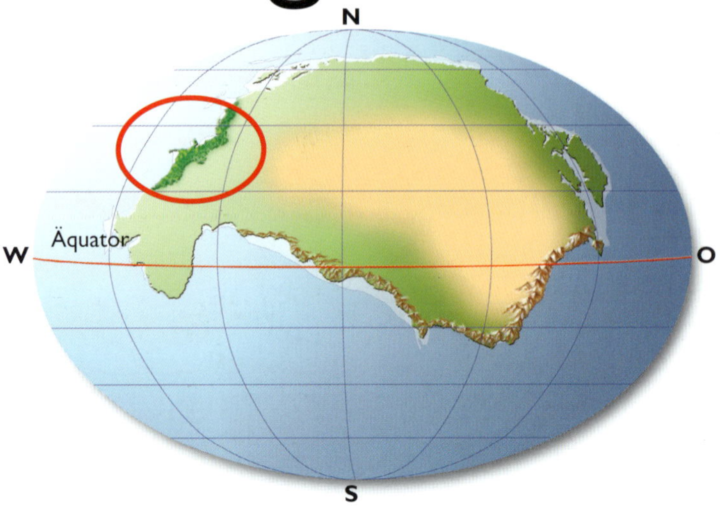

△ Der Nördliche Regenwald säumt mehrere tausend Kilometer lang die Nordwestküste von Pangäa II.

Der Waldflisch

Hoch in den Blätterkronen des Nördlichen Regenwalds hüpfen farbenfrohe Wesen von Zweig zu Zweig. Die Tierchen sind so winzig, dass sie auf einer Kinderhand Platz fänden. Das sind die Waldflische, eine Fischart, die sich an das Leben an Land angepasst hat. Die Waldflische sind mit den Ozeanflischen verwandt (siehe Seite 74). Doch anders als diese, die im Meer jagen, leben die Waldflische in den Bäumen, wo sie mit dem langen Schnabel **Insekten** von den Zweigen und sogar aus der Luft schnappen.

Die Waldflische verständigen sich mit einem Zirpen, ähnlich dem eines Grashüpfers zu Zeiten der Menschen. Der Grashüpfer zirpte, indem er Beine und Flügel aneinander rieb. Der Waldflisch versetzt tief in der Kehle spezielle Zähnchen in Schwingungen, sodass ein lautes, schrilles Zirpen erklingt.

DER GANG DER EVOLUTION

Die Waldflische haben vieles mit den Kolibris gemein, den kleinen Waldvögeln, die es zu Zeiten der Menschen gab. Wie diese schlagen die Flische im Rüttelflug so schnell mit den Flügeln, dass sie in der Luft „stehen". Sie sind außerdem enorm flink und entkommen den meisten Raubtieren des Waldes.

△ Kolibris ernährten sich von Insekten und Nektar. Mit bis zu 70 Flügelschlägen pro Minute konnten sie sogar rückwärts fliegen!

△ Die Waldflische hängen hoch in den Baumkronen mit dem Kopf nach unten an einem Ast. So sind sie unter dem Blätterdach vor dem Dauerregen geschützt.

Dem Meer entstiegen

Tief unter den Waldflischen trampelt ein Riese über den Dschungelboden: der Kolosskalmar. Dieser Wirbellose, der weder Knochen noch Wirbelsäule besitzt, gehört zur Klasse der Kopffüßer. Die Tintenfische und Kalmare, die zu Zeiten der Menschen in den Meeren lebten, gehörten zu dieser Klasse. Nun, 200 Millionen Jahre später, haben sie den Ozean verlassen und leben an Land. Das ist keine Besonderheit, kamen doch die Vorfahren aller Landbewohner einst aus dem Meer. Im Lauf der **Evolution** entwickelten sie die Lungenatmung und krochen an Land. Genau das haben auch die Kolosskalmare getan.

◁ Der Kolosskalmar stampft durch den Urwald und macht dabei alles platt. Er bewegt sich langsam, ist aber so groß und stark, dass ihm andere Tiere ausweichen.

Der Kolosskalmar ist größer als ein Elefant und mit acht Tonnen Gewicht viel schwerer. Einen Großteil des Gewichts macht die schwere Muskulatur der acht dicken Beine aus, die den großen Körper tragen. Die Fortbewegung auf acht Beinen ist alles andere als einfach und so läuft der Kolosskalmar auch recht seltsam: Er setzt schlurfend mehrere Beine gleichzeitig nach vorn und kommt daher nicht schneller voran als ein gehender Mensch.

Der Kolosskalmar ist der König des Waldes. Er hat keine Feinde und wird bis zu 50 Jahre alt. Andere Tiere macht er mit einem bellenden Ruf auf sein Revier aufmerksam. Was die Nahrung angeht, ist der Kolosskalmar nicht wählerisch. Er frisst alles, was ihm in den Weg kommt: Blätter, Sprossen und andere Tiere, die er mit seinen langen Greiftentakeln von den Bäumen holt.

DER KÖRPERBAU DES KOLOSSKALMARS

Wie bei den Kalmaren, die es zu Zeiten der Menschen gab, besteht auch der Körper des Kolosskalmars aus kräftiger Muskulatur.

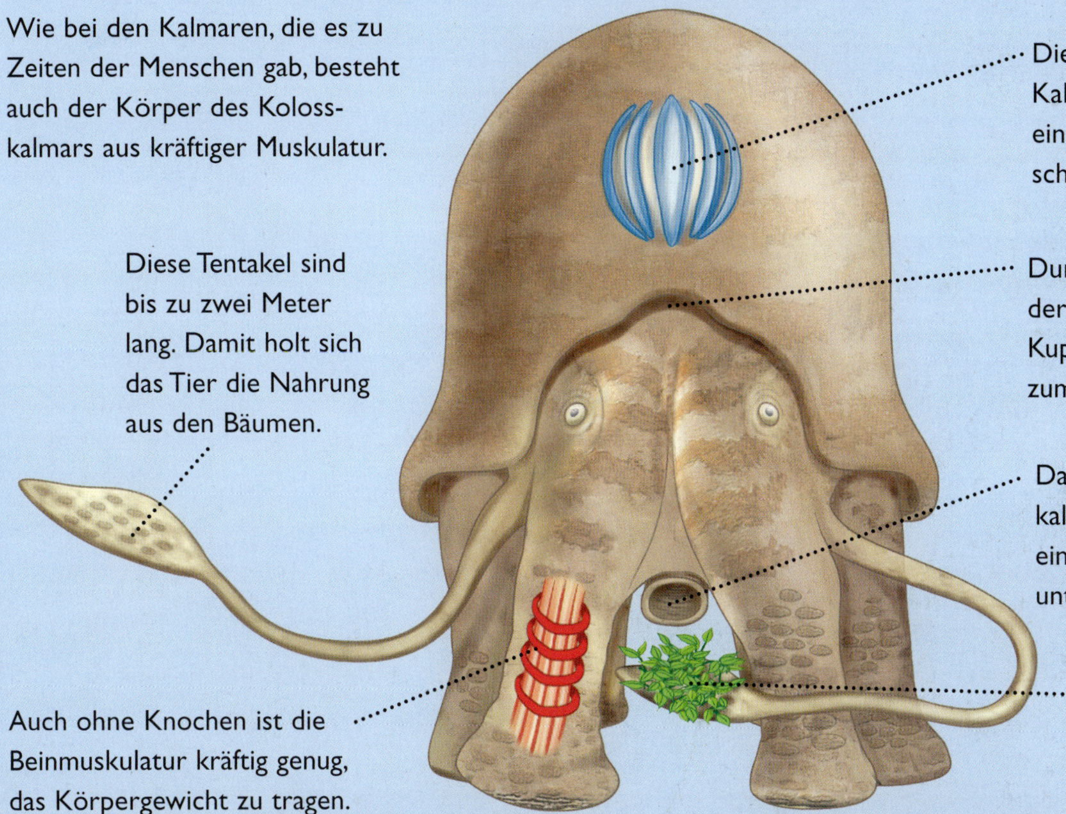

Der Kletterkalmar

Noch ein Kopffüßer ist im Nördlichen Regenwald heimisch geworden: der Kletterkalmar. Wie sein entfernter Verwandter, der Kolosskalmar, hat er keine Knochen. Doch er ist viel kleiner als sein riesenhafter Cousin und schwingt sich mit den muskelbepackten Armen von Baum zu Baum.

Der Kletterkalmar verbringt sein gesamtes Leben in den Bäumen. Die Arme und Tentakel sind so beweglich, dass er Äste umklammern und Nahrung greifen kann. Außerdem verwebt er oben in den Baumkronen Zweige und Blätter zu einer Unterkunft. Dort schläft er und zieht seine Jungen auf.

Die Kletterkalmare haben ein großes Gehirn, das sie in dem dicht besiedelten Lebensraum auch brauchen. Sie bewegen sich sehr schnell durch den Wald und sind stets auf der Hut vor Feinden. Die geselligen Tiere leben in großen, gut organisierten Kolonien, teilen sich die Nahrung und kümmern sich gemeinsam um die Jungtiere.

▷ Die Augen des Kletterkalmars befinden sich am Ende zweier beweglicher Röhren. Sie bleiben stets nach vorn gerichtet – auch wenn der Kletterkalmar sich drehend und wendend durchs dichte Unterholz zwängt.

DER GANG DER EVOLUTION

Kletterkalmare und Kolosskalmare sind die Nachkommen der Kalmare, die zu Zeiten der Menschen im Meer lebten. Bei der Partnersuche und zur gegenseitigen Abschreckung verfärbten sie sich bunt. Im dichten Wald dagegen ist die Farbe nicht gut zu sehen. Daher verständigen sich diese Kalmare mit Rufen.

△ Die Kalmare hatten acht Arme und zwei längere Tentakel mit Saugnäpfen. Wie die Kletterkalmare waren sie hochintelligent und hatten gute Augen.

Was mag die Zukunft bringen?

Nun, da wir viele Tiere der Zukunft kennen gelernt haben, fragen wir uns: Was werden die nächsten 100 Millionen Jahre wohl bringen? Werden die hochintelligenten Kalmare die Erde beherrschen, wie es einst die Menschen taten? Oder werden sich andere Tiere schneller an die veränderte Umwelt anpassen?

Einige der Tiere, die wir gesehen haben, werden möglicherweise wieder aussterben. An ihre Stelle treten andere, vielleicht noch seltsamere Wesen. Die Natur und die Erdgeschichte geben uns Hinweise, wie die Tierwelt der fernen Zukunft aussehen könnte: Vermutlich wilder als unsere kühnsten Vorstellungen!

Tierporträts

MJ = in ...
Millionen Jahren

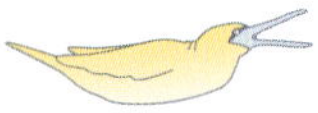

Tölpelwal (5 MJ)
Dieser riesige Vogel im eisigen Ozean Nordeuropas lebt vorwiegend im Wasser.

Schneeschleicher (5 MJ)
Das **Säugetier** mit den langen, scharfen Zähnen und dem weißen Fell durchstreift den Nordeuropäischen Eisschild.

Wollratte (5 MJ)
Dieses Nagetier hat große Pfoten und ein dickes Fell, das es im Eis Nordeuropas wärmt.

Salzdrache (5 MJ)
Diese Echse lebt im Mediterranen Becken. Mit dem großen, klebrigen Hautkragen fängt der Salzdrache Fliegen.

Rüsselschwein (5 MJ)
Der Nachfahre unseres Wildschweins sucht in großen Verbänden im Karst des Mediterranen Beckens nach Nahrung.

Kluftschleicher (5 MJ)
Fleisch fressendes **Säugetier** mit langen, spitzen Zähnen. Der Einzelgänger jagt im Karst des Mediterranen Beckens.

Purpurgesicht (5 MJ)
Ein hochintelligenter Affe mit rotem Gesicht und langem, geradem Schwanz. Er lebt in der Savanne Amazoniens.

Rasselrücken (5 MJ)
Nagetier mit harten, rasselnden Schuppen. Dieser Panzer schützt das Tier in der Savanne Amazoniens vor den Buschfeuern.

Renngreif (5 MJ)
Dieser Vogel ist das schnellste Tier der Savanne Amazoniens. Zum Jagen hat er scharfe Krallen und einen langen Schnabel.

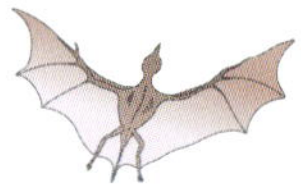

Todesengel (5 MJ)
Riesige Fleisch fressende Fledermaus, die auf der Suche nach Beute über die Nordamerikanische Wüste segelt.

Riffgleiter (100 MJ)
Die Vorfahren der bunten, robbengroßen Riffbewohner der Seichten Meere waren winzige Meeresschnecken.

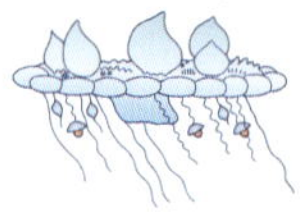

Phantom der Meere (100 MJ)
Das Phantom, das über die Seichten Meere treibt, besteht aus mehreren **Organismen,** die verschiedene Aufgaben übernehmen.

Söldnerseespinne (100 MJ)
Stammt von den Seespinnen ab und ist in den Tentakeln des Phantoms der Meere in den Seichten Meeren zu Hause.

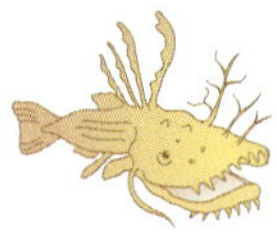

Lauerfisch (100 MJ)
Lauert im trüben Wasser der Bengalischen Sümpfe auf **Beute,** die er mit einem Stromschlag betäubt.

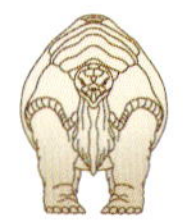

Dinoschildkröte (100 MJ)
Schwerstes Landtier aller Zeiten, das von den Schildkröten **abstammt** und in den Bengalischen Sümpfen lebt.

Sumpfoktopus (100 MJ)
Dieser große Krake kann mehrere Tage an Land verbringen. Er lebt in den Bengalischen Sümpfen.

Schabenspießer (100 MJ)
Kleiner, farbenprächtiger Vogel mit scharfen Augen und kurzen Flügeln, der flink durch den Antarktischen Dschungel fliegt.

Feuerspucker (100 MJ)
Der Verwandte des Schabenspießers lebt im Antarktischen Dschungel. Bei Gefahr spritzt er mit einer Säure.

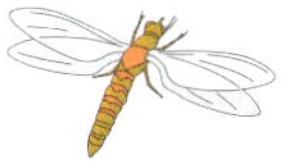

Bussardwespe (100 MJ)
Die riesenhafte Wespe fängt mit gewaltigen Mundwerkzeugen und kräftigen Beinen die Vögel des Antarktischen Dschungels.

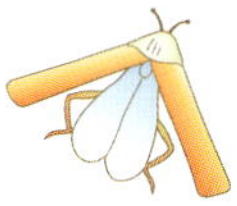

Blütenzauberkäfer (100 MJ)
Farbenprächtige **Insekten,** die zu viert eine Blüte bilden, in der sie Vögel des Antarktischen Dschungels fangen.

Großer Blauer Windstürmer (100 MJ)
Vogel mit zwei Flügelpaaren. Er segelt hoch über dem Großen Plateau.

Silberspinne (100 MJ)
Spinnt im Großen Plateau riesige Netze. Der silbrige Körper reflektiert das grelle Sonnenlicht.

Bergschweinchen (100 MJ)
Die letzten **Säugetiere** der Erde haben große Augen und weiches Fell und leben in den Höhlen des Großen Plateaus.

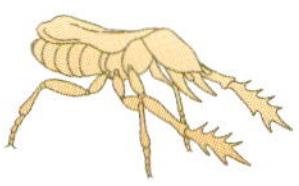

Gigamiten (200 MJ)
Die kleinen **Insekten** stammen von den Termiten ab. In **Staaten** bewohnen sie große Sandhügel der Zentralen Wüste.

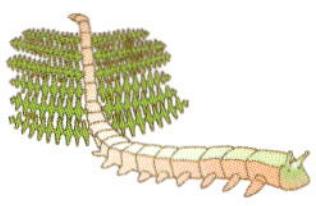

Gärtnerwurm (200 MJ)
Lebt in den Höhlen der Zentralen Wüste und baut auf langen grünen Zweigen am Körper Algen an.

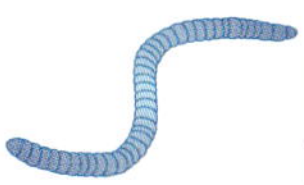

Dunkelwurm (200 MJ)
Bewohnt die düsteren Höhlen unter der Zentralen Wüste, wo er die Bakterien an den Höhlenwänden frisst.

Schlingband (200 MJ)
Langer Wurm, der in den mit Wasser gefüllten Höhlen unter der Zentralen Wüste Dunkelwürmer jagt.

Silberling (200 MJ)
Meeresbewohner mit harter Schale und langen, borstigen Beinen. Es gibt sie im gesamten Globalen Ozean.

Ozeanflisch (200 MJ)
Flische beherrschen den Himmel über dem Globalen Ozean. Die Flossen der Fische haben sich zu Flügeln weiterentwickelt.

Rudelhai (200 MJ)
Der gefährlichste Räuber des Globalen Ozeans, der von den Haien unserer Tage **abstammt.**

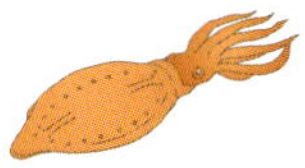

Regenbogenkalmar (200 MJ)
Das riesenhafte Tier lebt im Globalen Ozean. Seinen Namen verdankt es seinen wunderschönen Farbmustern.

Wüstenspringer (200 MJ)
Diese große Schnecke springt mit ihrem muskelbepackten Fuß und frisst die harten Pflanzen der Regenschattenwüste.

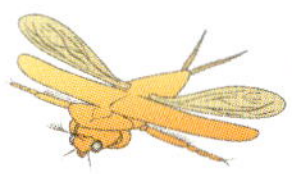

Lauskäfer (200 MJ)
Das größte Insekt im Himmel über der Regenschattenwüste. Das ausgewachsene Tier wird nicht einmal einen Tag alt.

Waldflisch (200 MJ)
Farbenfroher Bewohner des Nördlichen Regenwalds. Der Nachkomme der Fische fliegt wie Vögel.

Kolosskalmar (200 MJ)
Riesiger Kalmar, der Luft atmet und durch den Nördlichen Regenwald stampft. Er ist so groß und schwer wie ein Elefant.

Kletterkalmar (200 MJ)
Dieser Nachkomme des Kalmars ist hochintelligent, wendig und lebt in den Bäumen des Nördlichen Regenwalds.

Worterklärungen

Abstammung Stammesgeschichtliche Herkunft der → Arten.

Algen Einfache Pflanzen ohne Wurzeln oder Blätter, die im Wasser leben, z. B. Seetang.

Allesfresser Tiere, die sowohl Fleisch als auch Pflanzen fressen, z. B. Bären.

Äquator Gedachte Linie, die die Erde in zwei Hälften teilt.

Art Eine Gruppe von Pflanzen oder Tieren, die sich untereinander fortpflanzen können.

Ausgestorbene Arten → Arten, von denen es auf der ganzen Erde kein Exemplar mehr gibt.

Beutetier Ein Tier, das von einem anderen gejagt und gefressen wird.

Erdkern Innerste Erdschicht aus Metall.

Erdkruste Äußere, feste Schicht der Erde.

Erdmantel Erdschicht aus teilweise geschmolzenem Gestein, die zwischen der Erdkruste und dem Erdkern liegt.

Evolution Langsame Entwicklung der Pflanzen und Tiere über die Jahrmillionen, in deren Verlauf neue → Arten entstehen können.

Flügelspannweite Gemessener Abstand von einer Flügelspitze zur anderen.

Fossil Versteinerte Überreste eines Tiers oder einer Pflanze.

Fotosynthese Vorgang, bei dem eine Pflanze → Kohlendioxid und Wasser mit Hilfe von Sonnenlicht zu Nährstoffen umbaut. Dabei wird → Sauerstoff frei, den die Tiere zum Atmen brauchen.

Gletscher Gewaltiger Eisstrom, der langsam bergab fließt.

Greifvogel Ordnung der Fleisch fressenden Vögel mit Hakenschnabel und scharfen Krallen, z. B. Adler oder Falke.

Kältestarre Ruhezustand eines Tiers, in dem die Körpertemperatur stark abgesenkt wird, um Kraft zu sparen.

Karst Felsige Landschaftsform in Gegenden mit Kalk- und Gipsgestein, in denen das Wasser Schluchten und → Klüfte bildet.

Kaste Im → Staat von Insekten eine Gruppe, die eine bestimmte Aufgabe übernimmt.

Kiemen Atmungsorgan von Fischen und anderen Wassertieren.

Klima Wetterbedingungen an einer bestimmten Stelle der Erde über das gesamte Jahr hinweg.

Kluft Felsspalte im → Karst.

Kohlendioxid Ein Gas, das Tiere ausatmen, Pflanzen aber für die → Fotosynthese brauchen.

Kontinent Eine der großen Landflächen der Erde. Es gibt sieben Kontinente: Afrika, Asien, Europa, Südamerika, Australien und die Antarktis.

Kontinentalplatte Großer Teil der Erdkruste, der über den Mantel driftet.

Lebensraum Natürliche Umgebung eines Tiers oder einer Pflanze.

Meeresströmung Wassermassen, die in den Weltmeeren von einem Ort zum anderen strömen.

Mimikry Die Nachahmung eines Gegenstandes oder eines anderen Tiers durch die äußere Erscheinung. Mimikry dient einem Tier zur → Tarnung als Schutz vor Feinden oder für die Jagd auf → Beutetiere.

Minerale Stoff, der in Gestein enthalten ist. Salz ist ein Mineral.

Nagetiere Ordnung der → Säugetiere, zu der z. B. die Mäuse gehören.

Nährstoff Stoff, den eine Pflanze oder ein Tier zum Wachsen braucht.

Nordpol *siehe* Pol.

Ökologische Nische Die direkte Umgebung eines Tiers mit allem, was es zum Überleben braucht. Je vielfältiger die Umweltbedingungen in einem → Lebensraum, umso mehr ökologische Nischen und umso mehr → Arten kann es geben.

Organ Körperteil, der eine bestimmte Aufgabe übernimmt. Mit der Lunge z. B. atmet ein Tier.

Organismus Einzelnes Lebewesen, z. B. eine Pflanze oder ein Tier.

Pflanzenfresser Tier, das sich ausschließlich von Pflanzen ernährt.

Plankton Winzige, frei im Meer schwebende Tiere oder Pflanzen, z. B. kleinste → Algen.

Plateau Hochebene.

Pol Punkt, an dem die (gedachte) Drehachse der Erde die Erdoberfläche durchstößt: im Norden am Nordpol, im Süden am Südpol.

Raubtier Fleisch fressendes → Säugetier, z. B. Löwe.

Reptil Wechselwarmes Tier mit schuppiger Haut, das Eier legt. Schlangen und Echsen sind Reptilien.

Riff Felsen oder Kalkablagerungen von Korallen unter dem Meer, die bis zur Wasseroberfläche aufragen.

Sauerstoff Ein Gas in der Luft, das Tiere zum Atmen brauchen; Abfallprodukt der → Fotosynthese.

Säugetier Warmblütiges, meist behaartes Tier, das lebende Junge zur Welt bringt und mit Milch säugt, z. B. der Hund, der Wal oder der Mensch.

Staat Gemeinschaft von → Insekten, in der verschiedene → Kasten bestimmte Aufgaben übernehmen, z. B. bei den Termiten.

Südpol *siehe* Pol.

Symbiose Lebensgemeinschaft verschiedener → Organismen, die sich gegenseitig nutzen.

Tarnung Anpassung der Körperoberfläche an die Umgebung (auch Schutztracht genannt); eine Sonderform ist das → Mimikry.

Tornado Kleinflächiger Wirbelsturm (bis zu 30 Kilometer).

Tundra Polare Gegend nördlich der Baumgrenze, in der das Erdreich ständig gefroren ist.

Register

Kursive Seitenzahlen beziehen sich auf Abbildungen.

Dieses Buch und die Fernsehserie wurden entwickelt von
The Future is Wild Ltd
Solomon's Court
Bournes Green
Stroud GL6 8LY, UK
nach einer Idee von John Adams

Fachberatung Professor R. McNeill Alexander, Universität Leeds, Großbritannien
Recherche John Capener

Dieses Buch wurde entwickelt von
act-two
346 Old Street
London EC1V 9RB
www.act-two.com

Lektorat Deborah Kespert
Design Liz Adcock
Autorin Claire Pye
Zusätzliche Texte Anna Claybourne
Redaktion Mark Blacklock, Paul Virr
Bildrecherche Ellen Root
Illustrationen Peter Bull Art Studio, Mel Pickering
Reproduktion Itchy Animation
Digital Design 422
Lektoratsleitung Jane Wilsher
Künstlerische Leitung Belinda Webster
Herstellung Heather O'Connell
Register Ann Barrett

Die Fernsehserie wurde entwickelt von
The Future is Wild Ltd
Reihenproduktion Paul Reddish
Regie Steve Nicholls
Drehbuch Victoria Coules
Animation Peter Bailey
Produktion Jeremy Cadle, Clare Dornan
Produktionsleitung Wolfgang Knöpfler
Bildrecherche Lawrence Breen
Redaktion Liz Thoyts, Martin Elsbury
Musik Nick Hooper, Paul Pritchard
Koordination Kensa Duncan

In neuer Rechtschreibung

1. Auflage 2003
© für die deutsche Ausgabe
by Arena Verlag GmbH,
Würzburg 2003

Aus dem Englischen von Anne Emmert

ISBN 3-401-05535-6
Reproduktion: Icon Reproduction Ltd, UK
Printed in Italy

Bildnachweis (t = oben; b = unten; c = Mitte; l = links; r = rechts)

Ardea: 10bl; Eric Dragesco 11cr; Jean-Paul Ferrero 10cl; Masahiro Iijima 23br; Ferrero Labat 14l; S. Meyers 11br; D.Parer und E.Parer-Cook 25 • Corbis: Patrick Bennett 21tr; Patricia Fogden 56; Stephen Frink 78; Peter Johnson 66; David Meunch 65t; Galen Rowell 10cr; Mike Zens 21tl • Kevin Fley: Hintergründe 1; 34-5; 35t; 36 • GettyImages: ImageBank:/Michael Melford 65c; /Art Wolfe 11bl; Stone/Glen Allison 23ca; /Arnu Husmo 65b; /Martin Puddy 9, 23tl; /Andy Sacks 22cl; /Art Wolfe 10br • John Hafernik: 55b • Claus Qvist Jessen: 74 • Los Angeles County Natural History Museum: 76 • Tom Mackie: 23cb; 28 • Naturepl.com: Ingo Arnat Hintergrund 6-7; Juan Manuel Borrero 41b; John Cancalosi 18; Magnus Nyman 32; Constantinos Petrinos 42; Peter Oxford 17t, 51t; David Shale 88; Staffan Widstrand 23bl • NHPA: Khalid Ghani 13; Rich Kirchner 22cr; B. Jones und M. Shimlock 11cl; Kevin Schafer 15l; John Shaw 40, 48; Dave Watts 11tr, 30; David Woodfall 5b • Steve Nicholls: 23tr; 41c; 58; 64; Hintergründe 22-3; 24-5; 26; 27t; 27b; 37; 44-5; 50-1; 52-3; 55t; 57; 59; 60-1; 66-7; 81b; 85; 86-7 • OSF: Kathie Alkinson 45; Eyal Bartov 11tl; Tobias Bernhard 15b; Waina Cheng 81t; Michael Fogden 39t; Alan Root/SAL 17b; Tony Tillford 15c; Robert Tyrell 84; Scott Winer Hintergrund 8-9 • Science Photo Library: Simon Fraser 5t.